Chance Energiekrise

Der solare Ausweg aus der fossil-atomaren Sackgasse

Hans-Josef Fell, Carsten Pfeiffer (Hrsg.)

Solarpraxis AG • Berlin • 2006

Herausgeber:	Hans-Josef Fell Carsten Pfeiffer
Verlag:	Solarpraxis AG Zinnowitzer Straße 1 10115 Berlin Fon: ++49 (0)30 726 296 300 Fax: ++49 (0)30 726 296 309 Web: www.solarpraxis.de E-Mail: info@solarpraxis.de
	1. Auflage 2006 ISBN-10: 3-934595-64-2 ISBN-13: 978-3-934595-64-4
Copyright:	© Solarpraxis AG, 2006
Redaktion und Lektorat:	Solarpraxis AG / Dipl.-Ing. Heiko Schwarzburger MA
Grafik, Layout:	Solarpraxis AG, Berlin
Druck:	Rondo Druck GmbH, Ebersbach
Coverfotos:	NASA/Digital Vision Ltd., dpa/Picture Alliance, S.A.G. Solarstrom AG
Bibliografische Information in der Deutschen Bibliothek:	Die Deutsche Bibliothek verzeichnet diese Publikation in der Nationalbibliografie; detaillierte bibliografische Daten sind im Internet über http://dnb.ddb.de abrufbar.

Wichtiger Hinweis:

Die Texte und Zeichnungen entstanden mit größtmöglicher Sorgfalt und nach bestem Wissen. Da Fehler jedoch nie auszuschließen sind, weisen wir auf Folgendes hin:

Dieses Buch: Warum jetzt?

Abschied vom Öldorado

Wege aus der Energiekrise

Anhang

*Dieses Buch ist meiner lieben Frau Annemarie gewidmet,
die mich stets mit viel Geduld, Verständnis und eigenem Einsatz
bei meinem Engagement für erneuerbare Energien unterstützt.
Sowie meinen Kindern Andreas, Margareta und Friedrich,
deren Zukunft wir alle erhalten müssen.*

Hans-Josef Fell

*Dieses Buch widme ich all jenen, die sehen, das die Zukunft
weder die Fortschreibung des Status quo ist – noch automatisch
besser oder schlechter sein wird als die Gegenwart.
Und die daraus schließen, dass es sich lohnt, sich für eine
bessere Zukunft einzusetzen – und dies dann auch tun.*

Carsten Pfeiffer

Dieses Buch: Warum jetzt?

Umweltschutz, Klimaschutz, erneuerbare Energien und nachwachsende Rohstoffe sind heute schon ein Motor der Wirtschaft. Dass sie die Wirtschaft beleben und die Konjunktur eben nicht bremsen – wie oft behauptet – erkennen immer mehr Menschen. Moderne Technologien ohne schädliche Emissionen erübrigen den nachsorgenden Umweltschutz. So erzeugen Windräder und Photovoltaik keinen radioaktiven Müll, keine Kohleschlacke und keine gesundheitsschädlichen Stickoxide. Nullemission statt nachsorgender Umweltschutz: Das ist die Strategie, die Ökonomie und Umweltschutz ohne Gegensatz verbindet. Die Branche der erneuerbaren Energien entwickelt sich in Deutschland zu einer tragenden Kraft des Wirtschaftsgeschehens. Mit zunehmender Tendenz, wie die erfolgreichen Börsengänge von Solarfirmen zeigen.

Gleichzeitig wird immer offensichtlicher, wie verheerend die Auswirkungen der konventionellen Energieversorgung sind. Erderwärmung, steigende Öl- und Gaspreise, zur Neige gehende Ressourcen, Kriege um Lagerstätten, Menschenrechtsverletzungen, Gesundheitsgefahren, Umweltverschmutzung, Trinkwasserverknappung, radioaktive Entsorgungs- und Sicherheitsprobleme, Arbeitsplatzabbau bei den großen Energiekonzernen – die Liste der Probleme ist noch viel länger, als diese kurze Aufzählung erahnen lässt. Und doch scheint die fossile und atomare Energie für den Wohlstand der industrialisierten Länder unverzichtbar. Ergibt sich die Frage: Wie kann man diesen Teufelskreis durchbrechen?

Angesichts der Größe der Probleme diskutiert die Welt natürlich über eine Verringerung der schädlichen Auswirkungen der heutigen Energienutzung. Doch die Reduzierung der Probleme heißt nicht, dass sie gänzlich verschwinden. Im Gegenteil: Wenn wir allein darauf setzen, die Energieausbeute von Erdgas, Öl, Kohle und Uran zu verbessern, werden die damit verbundenen Probleme weiter wachsen. Wer über die fossilen Rohstoffe hinaus denkt, wird vielfach als realitätsferner Utopist abgetan, oder schlimmer noch, bekämpft, weil Geschäftsinteressen bedroht erscheinen. Doch erneuerbare Energien und nachwachsende Rohstoffe können die Krise lösen – viel schneller, als die meisten Experten es für möglich halten.

Dieses Buch will aufzeigen, dass es sehr wohl realisierbare Strategien gibt, die Energiefrage bereits vor dem Ende des Ölzeitalters zu lösen. Erneuerbare Ressourcen sowohl in der Energieerzeugung, als auch in der Herstellung von Kraftstoffen und Kunststoffen bieten den Ausweg. Den politischen Willen und die richtige wirtschaftliche Dynamik vorausgesetzt, ist der Abschied von Erdöl, Erdgas, Kohle und Uran innerhalb weniger Jahrzehnte möglich. An ihre Stelle können die erneuerbaren Energieträger und Rohstoffe treten.

Dies erfordert aber eine klare Denkweise: Erstens müssen die negativen Auswirkungen der fossilen und atomaren Ressourcennutzung schonungslos analysiert werden. Zweitens gilt es, den Wechsel hin zu den erneuerbaren Energien konsequent und kompromisslos zu gestalten. Um kritische Bestandsaufnahme und Vision, darum geht es in diesem Buch.

Auf dem Weg ins Solarzeitalter (Hermann Scheer) spielen effiziente Technologien zur besseren Ausnutzung des Energieangebots und der Stoffströme eine wichtige Rolle. Aber allein die technisch machbare Effizienz in den Vordergrund zu rücken, geht am Ziel vorbei. Die Emissionen zu verringern, reicht bei weitem nicht aus. Wir brauchen einen grundsätzlichen Stopp aller schädlichen Emissionen. Dieser Schnitt ist vergleichbar mit den berechtigten Forderungen der Atomkraftgegner: Ihnen geht es nicht um effizientere Atommeiler, sondern um den Ausstieg aus dieser gefährlichen Technologie schlechthin. Mit den Emissionen der Treibhausgase verhält es sich exakt wie mit der Radioaktivität: Es genügt nicht, die Emissionen zu drücken. Denn wenn wir es tatsächlich schaffen würden, die Emissionen zu reduzieren, so würden die dann immer noch vorhandenen Neuemissionen die schon heute zu hohen Konzentrationen von Kohlendioxid oder Methan in der Atmosphäre weiter anwachsen lassen. Auch verminderte Emissionen tragen zur weiteren Aufheizung der Atmosphäre bei. Viele Aktivisten der Klimaschutzbewegung hingegen glauben, dass neue, effizientere Kraftwerke oder Autos auf der Basis von Kohle, Erdöl oder Erdgas dem Treibhauseffekt entgegenwirken könnten. Diese Logik greift zu kurz, denn jedwede Form von Emissionen wirkt sich auf das Klima und damit auf uns Menschen aus.

Das vorliegende Buch will wachrütteln und auf das bevorstehende Ende des Erdölzeitalters aufmerksam machen. Gleichzeitig zeigen die Autoren eine Fülle von Wegen auf, um das Solarzeitalter zu erreichen. Der Strauß der Möglichkeiten ist vielfältig, doch es würde den Rahmen dieses Buches sprengen, alle Optionen aufzuzeigen.

Wenn dieses Buch Neugier auf mehr Wissen und besser noch, mehr aktives Mitgestalten für den Aufbruch ins Solarzeitalters schafft, dann hätte es seinen Zweck erfüllt.

Mein Dank für dieses Buch und für viel Unterstützung, auch für Gesetzesvorschläge, geht vor allem an Carsten Pfeiffer, der mich unermüdlich, mit vollem Einsatz und kompetent unterstützt. Ich danke Volker Oschmann, dessen juristischer Rat für mich unschätzbar ist. Mein Dank gilt auch Andreas Oppermann, der mich bei der Erstellung des Buches sehr unterstützte, ebenso Magdalena Beichel.

Hans-Josef Fell

Berlin, im Juni 2006

P.S.: Bei mir werden erneuerbare Energien groß geschrieben, aber aus Gründen der Lesbarkeit und der korrekten Orthografie schreiben wir das Wort im vorliegenden Buch klein.

Solares Wirtschaftswunder in Sicht

Die erneuerbaren Energien ermöglichen neue Spielregeln in der globalen Wirtschaft

Von Hans-Josef Fell

Umweltschutz können wir uns nur leisten, wenn die Wirtschaft floriert: Diese Meinung ist noch immer weit verbreitet. Dahinter steckt der Glaube, dass Umweltschutz mit hohen Kosten verbunden sei. Kosten, die man nur aufbringen kann, wenn die Wirtschaft genug Geld verdient. Auf diese Weise entsteht eine seltsame Logik: Unsere Wirtschaftsweise schadet der Umwelt, und nur wenn sie genug Geld abwirft, können wir die Schäden reparieren. Wo gehobelt wird, fallen nun einmal Späne. Umweltschutz und wirtschaftlicher Erfolg passen nicht zusammen. Dieser Irrtum ist so tief in den Hirnen der Manager und politischen Entscheidungsträger verwurzelt, dass ihnen eine umweltverträgliche Wirtschaft mit hohen Renditen kaum möglich erscheint. Ökonomie und Ökologie bilden für die meisten Menschen noch immer unüberbrückbare Widersprüche.

Dabei hat sich in den letzten Jahren ein neuer Wirtschaftszweig entwickelt, der die alten Spielregeln der Industrie umzukehren scheint: Die stürmischen Wachstumsraten bei den Technologien zur Energieerzeugung aus Sonne, Wind, Wasser, Biomasse und Erdwärme belegen genau das Gegenteil. Sie liefern bereits heute beachtliche Mengen an Strom, Wärme und Kraftstoffen – ohne Kohlendioxidemissionen oder radioaktiv verstrahlten Abfall. Die Unternehmen der erneuerbaren Energien erwirtschaften gute Gewinne, erzielen hohe Erlöse an der Börse, bauen ihre Produktionskapazitäten deutlich aus und bringen immer mehr Menschen in Lohn und Brot. Anders als die Energiegewinnung aus Kohle, Erdöl, Erdgas oder Uran bereiten uns Sonne und Erdwärme kaum Umweltsorgen. Der nachsorgende Umweltschutz, der in der klassischen Energiegewinnung aus fossilen oder nuklearen Quellen jedes Jahr Milliarden Euro verschluckt, reduziert sich auf ein Minimum. Hier bietet sich die Chance, Umweltschutz und Wirtschaft miteinander zu versöhnen. In der chemischen Industrie eröffnet sich eine ähnliche Entwicklung, wenn nachwachsende Rohstoffe die klassischen Grundstoffe Erdöl, Erdgas oder Kohle ersetzen. Was ehemals giftig war, wird nun grün.

Erneuerbare Energien und nachwachsende Rohstoffe markieren den Beginn einer neuen Wirtschaftsweise, die florierende Wirtschaft und Umweltschutz in Einklang bringen kann. Die Aufbruchstimmung in diesen jungen Branchen wurde vor allem durch die politischen Entscheidungen der rot-grünen Bundestagsmehrheit von 1998 bis 2005 eingeleitet. Viele neue Gesetze und Verordnungen, allen voran das Erneuerbare-Energien-Gesetz (EEG), die Novelle des Bundesbaugesetzes, die Steuerbefreiung für Biokraftstoff, die Novelle der Energieeinsparverordnung und die Ökosteuer haben frischen Wind in die zukunftsträchtigen Wirtschaftszweige gebracht. Hinzu kamen das Marktanreizprogramm für erneuerbare Energien, das Altbausanierungsprogramm oder das Programm für biogene Treib- und Schmierstoffe, mit denen Rot-Grün den Aufbruch tatkräftig unterstützte. Die Forschungsmittel für erneuerbare Energien wuchsen beachtlich, beispielsweise durch das Zukunftsinvestitionsprogramm, mit denen die Bundesministerien für Umwelt und für Wirtschaft die erneuerbaren Energien und Technologien zur Energieeinsparung unterstützten. Das Verbraucherschutzministerium legte ein spezielles Programm zur Erforschung nachwachsender Rohstoffe für die Energiegewinnung und die chemische Industrie auf. Das Bundesforschungsministerium gründete einen Vernetzungsfond für erneuerbare Energien.

Weite Teile der Politik und der Wirtschaft rufen Hände ringend nach Wachstum, nach Innovationen und Investitionen, in der Hoffnung, dass neue Arbeitsplätze entstehen.

Solardach auf der Kirche in Schönau. Foto: Peter Hasenbrink, Ev. Pfarramt Schönau

Die Branche der erneuerbaren Energien erfüllt diese Forderungen schon heute. Noch nie wurden in Deutschland so viele Photovoltaikanlagen installiert wie im Jahr 2005. Die Nachfrage nach Solarmodulen stieg so stark an, dass die Produktionskapazitäten für den Grundstoff Silizium knapp wurden. Tausende Dächer von Häusern, Scheunen, Fabriken oder öffentlichen Verwaltungsgebäuden sind mittlerweile mit den bläulich schimmernden Solarkollektoren bedeckt, liefern Strom aus Sonnenlicht. Und es werden immer mehr.

Die Wachstumsraten der erneuerbaren Energien zwischen 1998 und 2005 sind beispiellos, auch im Vergleich mit traditionellen Wirtschaftszweigen wie dem Automobilbau oder dem Maschinenbau: Ende 1998 betrug die installierte Windkraftleistung in Deutschland etwa dreitausend Megawatt. Bis Ende 2005 wurde sie auf fast 19.000 Megawatt mehr als versechsfacht. Die Photovoltaik konnte sich im gleichen Zeitraum von fünfzig Megawatt auf 1.400 MW sogar auf das 28fache steigern. Der Absatz von Biokraftstoffen hat sich um das 24fache auf rund zwei Millionen Tonnen im Jahre 2005 gesteigert. Die installierte Biogasleistung wurde um etwa das 15fache auf knapp achthundert Megawatt gesteigert. Den Vogel abgeschossen haben die Hersteller von Heizungen mit Holzpellets. Wurden im Jahre 1999 gerade mal etwa tausend Stück verkauft, so waren es 2004 bereits ca. 28.000. Andere Branchen können von solchen Wachstumszahlen nur träumen.

Enorme Investitionen in Technologie und Fertigung

Möglich wurde dies natürlich durch hohe Investitionen in Fertigungskapazitäten und Handwerksbetriebe. So wurden zum Beispiel deutschlandweit in der Photovoltaik allein 2004 und 2005 etwa zwei Milliarden Euro Kapital investiert. Doch damit steht die Entwicklung erst am Anfang. Weitere zwei Milliarden Euro stehen in den nächsten Jahren an, sofern die politischen Rahmenbedingungen weiter in die richtige Richtung weisen.

Gerade die Photovoltaikindustrie zeigt eine hohe Innovationskraft. So erhielt die Solarstromindustrie im Jahre 2004 etwa 25 Millionen Euro an staatlichen Forschungsmitteln. Etwa fünfzig Millionen Euro brachte die Industrie aus eigenen Mitteln auf, um neue Solarsysteme zu entwickeln. Ähnliches gilt für die Windkraftbranche. Sie hat in den letzten Jahren relativ wenig Forschungsmittel erhalten, im Vergleich zu den eigenen Aufwendungen. Dennoch trieb sie die Innovationen voran, bis hin zu den heutigen Windkraftanlagen, die fünf Megawatt leisten. Aber auch die Wasserkraft, die Holzpellets, Biogas oder Erdwärme (Geothermie) gehören zu den innovativsten Industriezweigen. In der chemischen Industrie bestimmen die nachwachsenden Rohstoffe die Innovationstrends, beispielsweise Kunststoffe aus Maisstärke oder Pflanzenöle als Schmierstoffe. Diese Innovationen zahlen sich aus: Die erneuerbaren Energien schaffen in Deutschland mehr Jobs als jede andere Branche. Arbeiteten 1998 nur etwa 30.000 Menschen in diesem Wirtschaftszweig, waren es 2005 bereits 170.000. Das entspricht einem großen deutschen Automobilkonzern. Diese Tendenz setzt sich auf absehbare Zeit unvermindert fort. Erwartet werden in den nächsten Jahren bis 500.000 Arbeitsplätze. Auch ein anderer Trend hält weiterhin an: Die klassische Energiewirtschaft, die auf Erdöl, Kohle, Erdgas oder Uran setzt, hat im selben Zeitraum mehr als 60.000 Mitarbeiter entlassen, ohne dass sie nennenswert weniger Energie verkauft hätte.

Erneuerbare Energien weisen einen Weg aus der ökologischen Sackgasse, in die überholtes Denken in Wirtschaft und Politik führt. Nachsorgender Umweltschutz, der die Schäden einer zerstörerischen Wirtschaft im Nachhinein zu beseitigen sucht, wird sein Ziel verfehlen. Mehr als Kosmetik ist nicht möglich. Anstatt mit Katalysatoren die Abgase von Autos zu reinigen, wäre es effektiver und billiger, die Entstehung von Abgasen im emissionsfreien Auto überhaupt zu verhindern. Anstatt Millionen Euro in Kohlekraftwerke zu stecken, um die Kohle zu entschwefeln, ist es besser, Strom und Wärme billig und ohne Umweltsünden von der Sonne, von der Kraft des Wassers oder aus den Tiefen der Erdkruste zu beziehen.

Energie ist der Motor der Zivilisation

Energie treibt unsere Wirtschaft, Energie sichert den Wohlstand, sie ist der Motor der Zivilisation überhaupt. Wer dabei weiterhin auf die Verbrennung von Erdöl, Erdgas oder Kohle setzt, wird die Emissionen von Kohlendioxid nicht in den Griff bekommen, und wenn noch so viel Geld in nachsorgenden Filteranlagen und Reinigungssystemen versenkt wird. Niemals wirft die fossile Energiewirtschaft so große Gewinne ab, um alle Umweltsünden dieses Wirtschaftszweiges hinterher wieder auszugleichen, beginnend beim Bergbau, bei der Ölverschmutzung der Küsten bis hin zu den klimaschädlichen Emissionen, die das Weltklima wie in einem Treibhaus weiter aufheizen. Kein Kohlekraftwerk verdient so viel Geld, dass es damit die in die Atmosphäre ausgestoßenen Kohlendioxidmoleküle wieder herausholen könnte. Dafür gibt es derzeit keine Technologie. Kein Automobilkonzern kann so viel Geld machen, dass er die Umweltschäden durch die Automobile oder die Gesundheitsschäden durch Abgase und Partikel jemals aus eigener Kraft reparieren könnte. Diese Kosten werden der Allgemeinheit aufgebürdet, in den Bilanzen der Konzerne kommen sie nicht vor. Doch der alarmierende Klimawandel zeigt, dass die Geduld von Mutter Erde erschöpft ist. Sie kann die sich häufenden Umweltprobleme von Menschenhand nicht länger verkraften. Steigt die Temperatur der Erdatmosphäre weiter an, ist die Existenz des größten Teils der Menschheit bedroht. Die globale Umweltkrise beruht auf der gnadenlosen Ausbeutung der natürlichen Ressourcen dieses Planeten. Damit gerät nicht nur die traditionelle Wirtschaftsweise in eine Krise, sondern die gesamte menschliche Gesellschaft.

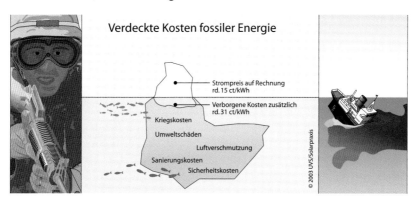

Spitze eines Eisbergs: Der Strompreis deckt nur einen geringen Teil der Gesamtausgaben für fossile Energien ab. Grafik: Solarpraxis AG

Wir brauchen eine Wirtschaft, die keine oder nur vernachlässigbare Umweltschäden hervorruft, und dennoch für Investitionen und Arbeitsplätze sorgt. Grundlage ist eine Energie- und Chemieproduktion, die ohne Emissionen auskommt. Die dazu notwendigen Technologien stehen uns zur Verfügung: Erneuerbare Energien und nachwachsende Rohstoffe erfüllen diese Bedingungen. Sie verursachen keine Klimaschäden, ziehen Investitionen an und schaffen Arbeitsplätze. Zugleich bieten sie der Gesellschaft eine langfristige Versorgungssicherheit, denn das Energieangebot von der Sonne oder dem Innern des Planeten steht uns noch Jahrmillionen uneingeschränkt zur Verfügung. Wenn wir es nur wollen, steht uns echtes grünes Wirtschaftswunder bevor, das in Deutschland seit einigen Jahren schon Realität annimmt.

Großkraftwerke sterben, Windräder wachsen

Windräder drehen sich jetzt in allen Landesteilen. Bald beginnen die Betreiber der großen Windparks, ihre alten – und alt meint hier zehn bis 15 Jahre – Windräder gegen neue auszutauschen, denn sie sind sehr viel leistungsfähiger. Schon in einigen Jahren werden viel weniger Windräder viel mehr Strom produzieren als heute. Vor der deutschen Nordseeküste entstehen demnächst die ersten Offshore-Windparks. Sie werden wesentlich mehr Strom produzieren als Windräder auf dem Festland, unter wesentlich günstigeren Windverhältnissen.

Während beispielsweise die Leistung der Windkraft kontinuierlich steigen wird, sterben die alten Kraftwerke mit Kohle oder Uran aus. In der Energiewirtschaft selbst spricht man bereits von einer Sterbelinie. In den kommenden zwei bis drei Jahrzehnten müssen zwei Drittel der herkömmlichen Kraftwerke in Deutschland erneuert oder durch Neubauten ersetzt werden. Zum einen werden zahlreiche Atommeiler abgeschaltet, weil die Nukleartechnik ein enormes Sicherheitsrisiko und der Atommüll kommende Generationen in unverantwortlicher Weise belastet. Und viele Kohle-, Gas oder Ölkraftwerke sind so alt, dass sie nicht mehr dem heutigen Stand der Technik entsprechen. So gilt es, demnächst etwa 65 Gigawatt Kraftwerksleistung aus neuen Kraftwerken in die Versorgungsnetze einzuspeisen. Rechnet man ein, dass erhebliche Kapazitäten durch sparsamen Stromverbrauch und Energie sparende Technologien bei den Verbrauchern überflüssig gemacht werden könnten, wären die erneuerbaren Energien durchaus in der Lage, den Modernisierungsbedarf der deutschen Energiewirtschaft abzudecken – allen Unkenrufen zum Trotz.

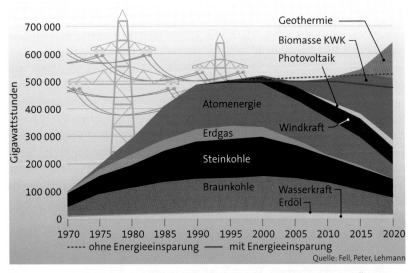

Die so genannte Sterbelinie der deutschen Kraftwerke wegen Atomausstieg und Überalterung und das erwartete Wachstum der erneuerbaren Energien. Grafik: Solarpraxis AG

Die klassische Energiewirtschaft stellt die gewaltigen Wachstumspotenziale der erneuerbaren Energien immer wieder in Frage. Doch vor dem Hintergrund dieser Zahlen werden diese Behauptungen als das entlarvt, was sie sind: fadenscheinige Kampfargumente. Die Vorstände der großen Konzerne wie Eon oder Vattenfall wissen genau, dass sie möglicherweise bald von den erneuerbaren Energien verdrängt werden.

Im Herbst 2005 zeigte der Hurrikan Katrina, dass die zunehmende Erwärmung des Weltklimas mittlerweile schon die Grundfesten der modernen Industriestaaten zu erschüttern vermag: Er legte innerhalb weniger Tage große Teile der Ölförderung im Golf von Mexiko lahm und bedrohte die Energieversorgung der Vereinigten Staaten. Dennoch forderten Lobbyisten in den Reihen der FDP und der CDU während des zeitgleich laufenden Bundeswahlkampfes in Deutschland, das Erneuerbare-Energien-Gesetz abzuschaffen oder es zeitlich zu begrenzen. Doch da es zu einer schwarz-gelben Regierungskoalition nicht reichte, müssen Christdemokraten und Sozialdemokraten nun in den kommenden Jahren mit nüchternem Blick auf das Erreichte schauen – ohne ideologische Scheuklappen. Wichtige Teile der SPD – nicht nur die SPD-Protagonisten des Gesetzes – und zunehmend auch der Union erkennen offensichtlich, dass die erneuerbaren Energien auch mit Hilfe dieses Gesetzes zu einer Erfolgsstory gerieten, die ihresgleichen sucht. Die deutschen Unternehmen der Photovoltaik, der Windkraft, Wärmepumpen oder Biomasse gehören in ihren Segmenten zu den Weltmarktführern, unzählige Arbeitsplätze hängen am Export. So fanden das Erneuerbare-Energien-Gesetz, die Ökosteuer und andere sinnvolle Instrumente ihren Eingang in den Koalitionsvertrag – ganz im Gegensatz zu den Wahlkampfäußerungen der Union.

Die erreichten Erfolge machen Mut. Die Chance ist groß, dass die enormen Probleme in der konventionellen Energieversorgung und im Klimaschutz gelöst werden können. Diese Probleme werden sich immer stärker in das Bewusstsein der Menschen drängen, man kann sie nicht länger ignorieren. Stürme wie Lothar oder Katrina sind Vorboten einer sich abzeichnenden Klimaveränderung. Die natürlichen Lagerstätten von Erdöl und Erdgas gehen zur Neige, dadurch ist die Energieversorgung der Haushalte und der Industrie in absehbarer Zeit gefährdet. Die Förderung von Erdöl, Erdgas, Kohle und Uran schluckt Unmengen von Wasser, auch müssen die fossilen Kraftwerke und Atommeiler mit enormem Wasseraufwand gekühlt werden. In vielen Ländern der Erde ist das Trinkwasser knapp. Diese Not wird durch die konventionelle Energiewirtschaft und die Klimaerwärmung weiter verschärft. Alte Kraftwerke stoßen Partikel, Schwefeloxide, Stickoxide und Kohlendioxid aus: Die Folge sind Erkrankungen der Atemwege. Die daraus resultierenden Kosten für das Gesundheitswesen hat bislang niemand wirklich ermittelt, geschweige denn geschätzt. Die Verknappung von Rohstoffen zur Energiegewinnung wird die Armut und die politische Instabilität in einigen Regionen der Erde weiter verschärfen. Einen Vorgeschmack lieferte der Gasstreit zwischen Russland und der Ukraine Anfang 2006. Im Irak wütet bereits ein Krieg um das Erdöl und um Energieressourcen. Zudem verschärft sich das Konfliktpotenzial der Atomenergie: Weil das Öl bald ausgeht, verstärken immer mehr Staaten ihre Propaganda für Atomtechnik, angeblich um ihren Energiehunger zu stillen: Indien, Pakistan, Türkei oder Iran. Dadurch steigt die Gefahr, dass diese Länder auch Atomwaffen entwickeln, sofern sie diese nicht schon haben und ihre regionalen Konflikte damit lösen. Und schon heute werden in Arabien oder Afrika die Menschenrechte verletzt, wenn es ums Öl geht: Der schwelende Bürgerkrieg in Nigeria und der offene im Sudan sind dafür ein deutliches Indiz. Das schwarze Gold entpuppt sich als schwarzer Fluch, denn die Lebensbedingungen auf den nigerianischen Ölfeldern sind so katastrophal, dass Millionen Menschen an der untersten Kante der sozialen Existenz vegetieren. Begehren sie dagegen auf, sind Staatsterror und Unterdrückung die Antwort, nicht selten finanziert von den großen Ölkonzernen.

Der experimentelle Sonnenofen am Deutschen Zentrum für Luft- und Raumfahrt in Köln. Foto: DLR

Wer diesen Status quo überwinden will, muss eine Strategie entwickeln, um erneuerbare Energien mit Energieeinsparung zu kombinieren und somit den schnellen Abschied von fossilen und atomaren Energieträgern zu ermöglichen. Die in den letzten fünf Jahren erreichten Wachstumsraten der erneuerbaren Energien hat kein Wissenschaftler vorausgesagt. Dennoch sind sie Realität. Dies lässt die Schlussfolgerung zu, dass – den politischen Willen vorausgesetzt – die vollständige Umstellung unserer Energieversorgung auf erneuerbare Energien machbar ist

– und zwar innerhalb weniger Jahrzehnte. Wir stehen an der Schwelle zum Solarzeitalter, wir müssen sie mit schnellem Schritt überschreiten.

Ohne diesen Schritt sind alle anderen Strategien zur Lösung der globalen Probleme zum Scheitern verurteilt, da die Energieversorgung aus fossilen und atomaren Quellen die tiefere Ursache der meisten ökologischen, sozialen und militärischen Konflikte ist. Erneuerbare Energien können den Gordischen Knoten der aktuellen Krise der menschlichen Zivilisation durchschlagen. Das grüne Wirtschaftswunder kann und wird sich beschleunigen. Es kann Ökonomie und Ökologie versöhnen.

Mit Katrina am Rand des Chaos

Die Versorgungssicherheit ist die zentrale Frage, die ein zukunftsfähiges Energiesystem beantworten muss. Gerade weil die fossilen und atomaren Energien endlich sind, sie aber andererseits noch immer das Fundament der heutigen Weltwirtschaft bilden, müssen wir weg vom Erdöl, weg vom Erdgas, von Kohle und Uran. Andernfalls bricht das Energiefundament der Weltwirtschaft zusammen. Wer auf fossilen Ressourcen beharrt, vor allem auf Erdöl und Erdgas, wird die Welt in den kommenden Jahren in eine gigantische Wirtschaftskrise stürzen. Die ersten Anzeichen sind unübersehbar: Als der Hurrikan Katrina den Süden der USA verwüstete, schlug die Internationale Energieagentur (IEA) in Paris einen Notfallplan vor, mit dem die Vereinigten Staaten, Deutschland und andere Länder erhebliche Teile ihrer strategischen Ölreserven auf den Weltmarkt warfen, um den Ölpreis zu stabilisieren. In diesem Fall reichte das aus, doch Fahrverbote und Produktionseinschränkungen für die Industrie standen als weitere Schritte im Notplan der IEA. Niemand kann abschätzen, welche Folgen solche drastischen Maßnahmen für die Versorgung der Menschen, den Wohlstand und die Arbeitslosenstatistik haben werden.

Die Verheerungen, die Katrina und wenig später der Hurrikan Rita über den Golf von Mexiko brachten, haben offenbart, wie knapp das Öl bereits geworden ist. Zwar behaupten noch immer einige Wissenschaftler und Ölmagnaten, dass die Erdöllagerstätten noch vierzig Jahre reichen. Doch die beiden Stürme brachten binnen weniger Tage die Energieversorgung an den Rand der Katastrophe: Die Ölplattformen im Golf und Raffinerien im Süden der USA fielen aus, sofort schnellte der Ölpreis an den Börsen nach oben. Alle Insider und die Börsianer befürchteten, dass die Produktionsausfälle nicht durch mehr Ölförderung in anderen Regionen zu kompensieren seien. Die Preise stiegen auf über sechzig US-Dollar für ein Barrel Rohöl. Zur Erinnerung: Noch 1999 lag der Erdölpreis bei rund zwölf Dollar pro Barrel und 2003 immerhin bei dreißig Dollar, was damals schon als Problem für die Weltwirtschaft beschrieben wurde. Doch Anfang 2006 steht der Ölpreis erneut auf über 60 Dollar, ohne dass es einen Hurrikan gegeben hätte und strategische Ölreserven können nicht schon wieder die Preise stützen.

Dieser Preissprung ist mit herkömmlichen Mustern nicht mehr zu erklären: Jedes Jahr im Sommer steigt der Benzinverbrauch durch die langen Autoreisen der Urlauber in Europa und Nordamerika. Deshalb kletterten die Preise Jahr für Jahr in der Sommersaison und sanken danach wieder ab. Seit 2003 ist jedoch ein sich kontinuierlich steigerndes Preisniveau erreicht, das weit über allen Prognosen liegt und sich zudem kaum verringert. Im Gegenteil: Weitere Preisanstiege sind in Sicht, über hundert Dollar das Barrel sprechen inzwischen viele Analysten.

Auch wenn die Mineralölkonzerne und die IEA behaupten, die Preissteigerungen hätten nichts mit einer Ölverknappung zu tun, ja es gäbe sogar noch genügend Erdöl in den kommenden Jahrzehnten, so ist genau diese These falsch.

Hinter den hohen Energiepreisen steckt in Wirklichkeit die beginnende Verknappung des Angebots an Erdöl, in Verbindung mit rasant steigender Nachfrage. Anderslautende Beschwichtigungen von Shell, British Petrol, Esso und anderen Ölkonzernen dienen nur dazu, die Gewinne hoch zu halten, so lange es nur irgendwie geht. Würden sie zugeben, dass Öldorado schon bald trocken fällt, würden sich die Verbraucher sehr schnell nach Alternativen umsehen: nach Solarkollektoren, Pelletsheizungen oder Autos, die mit Pflanzenöl fahren.

Der Traum vom Öldorado ist geplatzt

Wenn der Ölpreis von 61 auf sechzig Dollar sinkt, dann jubelt die Börse. Sie nimmt aber nicht wahr – oder will es nicht – , dass dieser Preis noch vor drei Jahren als das Ende der Weltwirtschaft angesehen wurde. Wer damals solche Preise prophezeite, wurde als Schwarzmaler und Spinner abgetan. Neuere Prognosen, die bald bis zu einhundert US-Dollar für einen Barrel Rohöl erwarten, werden auch nicht ernst genommen. Doch die weltweite Ölförderung läuft bereits auf höchsten Touren. Mehr ist nicht drin, denn die wichtigsten und größten Lagerstätten werden schon lange ausgebeutet und beginnen sich zu erschöpfen. Es ist nicht abzusehen, dass die Ölförderung in Zukunft noch einmal in nennenswerter Weise wachsen kann. Wir stehen direkt am Höhepunkt der physisch möglichen weltweiten Erdölförderung, dem Peak Oil. Danach wird die Erdölförderung nur noch von Jahr zu Jahr sinken. Aber zugleich schnellt die Nachfrage nach oben, denn das enorme Wachstum in China, Indien, Indonesien, Thailand und den USA entwickelt zusätzlichen Durst auf Öl. Aber die Zeiten, in denen wir unseren Wohlstand auf billigem Erdöl gründen konnten, sind vorbei. Auch ohne Hurrikans werden die Ölpreise in den nächsten Jahren steigen, in Schwindel erregende Höhen. Der Traum vom ewigen Öldorado ist geplatzt: Das Spiel ist aus.

Es geht aber nicht nur um den Preis, sondern auch um zukünftige Engpässe in der Versorgung. Selbst die Bereitschaft, exorbitante Preise zu zahlen, wird die schwindenden Fördermengen nicht beflügeln: Die Vorratstanks für Benzin, Diesel oder Heizöl werden sich entleeren. Das gilt übrigens auch für Erdgas: Im harten Winter zwischen 2005 und 2006 konnten sich Millionen britische Haushalte kein Heizgas mehr leisten, weil Lieferprobleme die Preise für Erdgas vervierfacht hatten. Nachdem sie sämtliche Ersparnisse aufgebraucht hatten, musste die Regierung eingreifen, damit die Menschen es in ihren Häusern noch warm haben konnten. Auch die Erdgasvorkommen sind knapper als bisher angenommen. Großbritannien und die USA zeigen, wie hilflos dann die Politik und Wirtschaft auf die durch rückläufige Förderung entstandenen dramatischen Preissteigerungen reagieren. Warnende Stimmen gab es genug, sie wurden missachtet. Die einzige fossile Alternative wäre die Kohle. Doch damit Erdöl und Erdgas zu ersetzen, würde den Klimawandel massiv beschleunigen. Jeder Dollar, den das Barrel Öl mehr kostet, dämmt das Wirtschaftswachstum um 0,1 Prozent. Völlig unklar ist jedoch, was geschieht, wenn nicht mehr genug Öl für Motoren und Generatoren zur Verfügung steht, oder wenn der Mangel an diesem Rohstoff auch die chemische Industrie zum Stillstand zwingt.

Ein GI im Irak: Wie viel Öl schluckt der amerikanische Militäreinsatz? Foto: US Army

Innerhalb weniger Jahre hat sich der Ölpreis um dreihundert Prozent erhöht. In Deutschland war diese Steigerung nicht so sichtbar, weil das Mineralöl durch Steuern ohnehin recht teuer war. In den USA hingegen, wo es kaum oder gar keine Steuern auf Öl gibt, schlägt der höhere Preis vollständig auf die Verbraucher durch. Welcher soziale Sprengstoff sich dahinter verbirgt, zeigt ein Beispiel aus Frankreich: Als im Jahr 2000 die Erdölpreise auf dreißig Dollar kletterten, gab es gewaltsame Proteste der französischen Fischer. Sie verlangten von der Regierung, die Diesel-preise zu senken. Doch die Fischer waren von allen Abgaben befreit, da-mit hatte der Staat keinerlei Steuersenkungsmöglichkeit mehr. Binnen kurzer Zeit kletterte der Preis für Schiffsdiesel auf das Dreifache, dem Preissprung für Rohöl folgend. Zum Glück konnte der starke Euro die Verteuerung etwas abfangen, denn Öl wird in US-Dollar gehandelt. Schwächelt der Euro irgendwann einmal, schlägt eine Verteuerung des Öls umso härter durch.

Die Proteste der französischen Fischer waren ein ernstes Signal dafür, zu welchen sozialen Spannungen weiter kletternde Ölpreise führen kön-nen. Im Herbst 2005 gab es in Spanien gewaltbereite Blockaden der wichtigsten Häfen durch spanische Fischer. Sie zwangen die Regierung in Madrid dazu, Sonderhilfen für die hohen Treibstoffpreise zu zahlen. Statt Mineralölsteuer zu zahlen, bekommen die spanischen Fischer jetzt sogar vom spanischen Steuerzahler einen noch höheren Anteil der Treibstoffkosten erstattet. Die staatlichen Beihilfen wurden von 3,5 Cent auf 9,5 Cent pro Liter aufgestockt. Es wäre wohl das Ende eines jeden öffentlichen Haushaltes, wenn dieses Beispiel Schule macht. Auf Dauer werden auch die reichsten Länder die infolge der Verknappung steigen-den Treibstoffkosten nicht mehr durch Subventionen ausgleichen kön-nen. Warum sollten Brummyfahrer, Eisenbahnen, Air Lines, Bauern oder Pendler nicht das gleiche Recht wie die spanischen Fischer in Anspruch nehmen dürfen? Von Preissteigerungen beim Erdöl sind doch alle be-troffen.

Doch Wirtschaftswissenschaftler sind offensichtlich nicht mehr in der Lage, die richtigen Analysen zu machen. Ihr Irrglaube, dass mit steigen-den Preisen auch mehr Erdöl gefunden und gefördert würde, lässt sie immer wieder die Ölpreise zu niedrig prognostizieren. Statt sich mit dem Wissen der Erdölgeologen, z.B. mit dem weltweiten Geologennetz-werk ASPO (Association for Studiing of Peaking Oil) auseinander zu set-zen, glauben auch sie noch an kommende Ölschwemmen und behaup-ten standhaft: In knappen Ölressourcen lägen nicht die Ursachen der Ölpreissteigerungen. Aber genau dies ist falsch.

Dabei ist keine Kleinigkeit, wenn sich die Wirtschaftswissenschaftler in Ölpreisprognosen irren. Immer ist der prognostizierte Ölpreis eine der wichtigsten Grundlagen zur Berechnung von Wirtschaftswachstum, Steuereinnahmen, Staatsausgaben und anderen wesentlichen Faktoren des Wirtschaftslebens. Viele der Wirtschaftsprobleme der letzten Jahre finden Ihre tiefere Ursache in den immer zu niedrig prognostizierten Öl-preisen und so kommt es eben, dass immer noch Lösungen innerhalb des Erdölsystems gesucht werden, statt endlich konsequent aus der Erdölnutzung auszusteigen.

Ein Vorgeschmack auf die Konflikte

Als Katrina über den Golf wirbelte, rief die Springer-Presse in Deutsch-land dazu auf, die Ökosteuer abzuschaffen und die Mineralölsteuer zu senken. Das bot einen leichten Vorgeschmack auf das, was uns in den kommenden Jahren bevorsteht. Es wird für die Politiker sehr schwer, diese unsinnigen Forderungen zu ignorieren. Das Problem ist nicht mit Steuertricks, sondern nur mit einer radikalen Wende in der Energiepoli-tik zu meistern. Wer auf geringere Steuern setzt, erwartet, dass der Bun-deshaushalt die fehlenden Einnahmen dadurch kompensiert, dass bei-spielsweise die Sozialausgaben sinken. In der Folge würden sich die sozialen Spannungen verschärfen. Noch hat kein Sozialforscher durch-gerechnet, wie sich höhere Ölpreise auf Kleidung, Waren des täglichen Bedarfs oder Heizkosten auswirken. Bei hundert US-Dollar und mehr für ein Barrel dürften die deutschen Sozialämter bald nicht mehr in der Lage sein, Bedürftigen mit Heizkostenzuschüssen unter die Arme zu greifen. Wer wirklich sozial und wirtschaftlich vernünftig handeln will, der setzt auf erneuerbare Energien – jetzt. Wer hingegen zögert und die Warnungen missachtet, bringt die Wirtschaft und die Gesellschaft Mo-nat für Monat näher an den Kollaps.

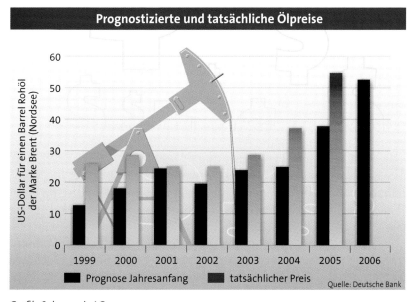

Grafik: Solarpraxis AG

Die tatsächlichen Verhältnisse über die Verfügbarkeit der kommenden Ölmengen hat die Association of Study of Peak Oil (ASPO) untersucht. Sie zeigen auf, dass die Weltnachfrage nach Erdöl ab den kommenden Jahren nicht mehr gestillt werden kann, schlimmer noch, die weltweit förderbaren Erdölmengen werden sogar deutlich unter das heutige Niveau sinken. Die Folge werden Erdölpreise sein, die das Autofahren mit Erdöl zum Luxusgut für wenige Reiche machen und das Beheizen von Ölheizungen für sozial Schwache unerschwinglich werden lassen.

Aus der Krise nichts gelernt

All das, was über das Erdöl gesagt wurde, gilt auch für das Erdgas. Zwar wird das Maximum der Weltgasförderung einige Jahre später als beim Erdöl erreicht, doch gibt es bereits regionale Engpässe. In Holland, bisher ein wichtiger Lieferant für die deutschen Haushalte, geht die Förderung schon drastisch zurück. Das größte westeuropäische Gasfeld bei Groningen kann nur noch dank teurer Zusatztechnik ausgebeutet werden. Groningen wird sehr viel schneller leer sein, als ursprünglich angenommen. Auch Großbritannien, bisher Exporteur von Erdgas, fällt seit kurzem als Lieferant aus. Die Briten müssen neuerdings Erdgas einkaufen, weil ihre Förderung gleichfalls schneller zurückgeht, als angenommen. Englische Zeitungen, die noch 2003 alle Warnungen ignorierten, warnten im Herbst 2005 davor, dass im Winter das Heizgas ausgehen könnte, was dann auch tatsächlich passierte. Der US-Bundesstaat Kalifornien, immerhin die fünftgrößte Volkswirtschaft der Welt, hatte schon im Jahr 2000 mit einer Erdgaskrise zu kämpfen. Damals gingen die Strompreise infolge der Erdgasverknappung in die Höhe, und mit ihnen die Zahl der Firmenpleiten, Tausende wurden arbeitslos. Noch in der Phase der beginnenden Verknappung wurde an neuen Erdgaskraftwerken gebaut. Genauso wie jetzt in Deutschland, obwohl auch im europäischen Erdgasnetzverbund bereits Verknappungstendenzen zu beobachten sind.

Nun glaubt man, dass die Welt aus der kalifornischen Erdgaskrise gelernt hätte und Erdgas und Erdöl vorsorglich durch erneuerbare Energien ersetzt. Aber noch immer investieren die Banken in Gas und Öl, statt ihre Investments in erneuerbare Energien umzulenken. Natürlich gibt es noch große unerschlossene Erdgasfelder. Doch die Frage ist, ob diese Felder auch tatsächlich erschlossen werden. Zwar wäre es schon alleine aus Gründen des Klimaschutzes vernünftig, wenn der fossil gebundene Kohlenstoff in der Lagerstätte verbleiben würde, statt durch Verbrennung als Kohlendioxid in die Atmosphäre zu gelangen. Aber auch aus ökonomischen Gründen ist die Erschließung neuer Erdgaslagerstätten sehr fraglich. Sie ist schlichtweg zu teuer: Allein um das russische Gasfeld Yamal in Sibirien mit einer Pipeline zugänglich zu machen, werden dreißig Milliarden US-Dollar notwendig. Die Erschließung des neuen Erdgasfeldes im subpolaren Permafrost würde weitere siebzig Milliarden Dollar verschlingen. Das würde sich nur lohnen, wenn sich die Preise für Erdgas in Europa in etwa verdoppeln. Das wiederum könnte sich für die Gasversorger fatal auswirken: Denn Sonnenkollektoren und Bioenergie wären dann im Vergleich konkurrenzlos billig. Bleiben die neuen russischen Gasfelder unerschlossen, wird schon bald auch das Erdgas in Europa knapp.

Das Ergebnis ist das Gleiche: Die Gaspreise steigen, Sonnenenergie und Erdwärme werden lukrativer. Auch die Hoffnung, dass die neue Ostseepipeline von Russland nach Deutschland alle Versorgungsprobleme löst, trügt. Eine Rohrleitung ist kein Gasfeld, sie kann nur transportieren, was zuvor gefördert wurde. Es wäre besser, vier Milliarden Euro nicht in die neue Pipeline sondern in erneuerbare Energien zu stecken. Ein ähnliches Urteil ist über die beabsichtigten Gasimporte aus dem Iran zu fällen. Von dort gibt es keine Pipeline nach Europa, also müsste man das Erdgas mit enormem Energieaufwand auf minus 160 Grad Celsius abkühlen, um es zu verflüssigen. Danach könnte man es mit Tankern in Hamburg oder Rotterdam anlanden. Dort müssten mit Milliardenaufwand spezielle Terminals entstehen, um das Flüssiggas kühl zu halten und ins Landesinnere zu pumpen. Doch der Iran liegt in einer ausgesprochen unsicheren Weltregion und zudem will die Weltgemeinschaft Wirtschaftsboykotte gegen die iranische Atombombenpolitik verhängen. Mit einem Präsidenten, der Israel auslöschen will, kann man keine verlässlichen Erdgasgeschäfte machen. Anstatt sich von den Mullahs und Scheichs noch abhängiger zu machen, wäre es an der Zeit, die einheimischen und erneuerbaren Energieträger zu stärken. Die Sonne scheint überall auf dieser Erde, auch bei uns und im Iran.

Auch Uranreserven schrumpfen rapide

Mit den schwindenden Öl- und Gasreserven kommt die Kernenergie scheinbar zu neuen Ehren. Abgesehen von den Risiken durch die Radioaktivität, zeichnet sich auch beim Uran ein baldiges Ende der Ressourcen ab. Kaum gesicherte und sehr teure Lagerstätten eingerechnet, reicht das vorhandene Uran bei jetzigem Verbrauch noch rund achtzig Jahre. Gleichzeitig versucht die Atomlobby, den Regierungen der Welt ihr Geschäft wieder schmackhaft zu machen, als angeblich effektivstes Mittel gegen den Klimawandel. Neue Atommeiler würden den Uranverbrauch erhöhen, die Vorräte gingen nur schneller zu Neige. Bisher liefern die Atomreaktoren rund 2,5 Prozent für den weltweiten Energieverbrauch. Will man sie so weit ausbauen, dass sie als Alternative zu Öl oder Gas auftreten, wären die Uranlager innerhalb weniger Jahrzehnte aufgebraucht. Nimmt man nur die Kosten und Schwierigkeiten zur Lagerung des radioaktiven Abfalls hinzu, sind die erforderlichen Investitionen überhaupt nicht mehr nachzuvollziehen. Außerdem: Atomkraftwerke bilden ein ideales Ziel terroristischer Anschläge. Ein entführtes Flugzeug, mit Selbstmordkommando, oder eine große Rakete genügen, um ein weites Areal wie ganz Deutschland auf Jahrhunderte radioaktiv zu verseuchen. Wem es gelingt, eine Boeing in die Twin Towers in New York zu lenken und die Türme zum Einsturz zu bringen, der ist auch in der Lage, die Betonhülle eines Atommeilers zu durchdringen. Es könnte so einfach sein: Wenn ein Terrorpilot vor dem Anflug auf den Münchner Flughafen nur ein bisschen den Kurs ändert, schwebt er in wenigen Minuten über dem Atomkraftwerk Ohu II. Die fliegende Kerosinbombe könnte eine atomare Katastrophe auslösen, die große Teile Deutschland unbewohnbar macht, dazu Österreich, die Schweiz, Tschechien und andere Länder. Die Sicherheitsdienste wissen, dass Terroristen an solchen Szenarien arbeiten. Der beste Schutz vor Terrorattacken ist deshalb, die Atomkraftwerke abzuschalten. Jede Laufzeitverlängerung erhöht nur das Terrorrisiko.

Kontrolle von Solarzellen in der Fertigung. Foto: Schott Solar

Die Atomindustrie beteuert immer wieder, dass ihre Reaktoren gegen anfliegende Flugzeuge abgesichert seien, durch Maschinen zur Vernebelung oder massive Betonwände. Hoffentlich offenbaren sich diese Beteuerungen nicht eines Tages auf grausame Weise selbst als Vernebelungstaktik. Inzwischen hat das Bundesverfassungsgericht den gezielten Abschuss einer von Terroristen entführten Maschine verboten.

Seit Jahren propagieren die deutschen Energiekonzerne, dass ihre Kernreaktoren besonders hohe Sicherheitsstandards hätten. Ein Super-Gau wie in Tschernobyl sei bei uns ausgeschlossen, heißt es regelmäßig. Wie kann es dennoch passieren, dass immer wieder neue Meldungen über Lecks in Kühlkreisläufen oder Risse in Betonkonstruktionen die Runde machen? Am 10. April 2003 stand Europa kurz vor einer nuklearen Katastrophe des Typs Tschernobyl in dem auf westliches Sicherheitsniveau aufgerüsteten ungarischen Atomkraftwerk Paks.

Natürlich gibt es – zumindest theoretisch – Möglichkeiten, den Uranverbrauch zu strecken. Physiker bescheinigen der Technologie des Schnellen Brüters, die energetische Ausbeute des Urans zu verachtzigfachen. Bisher blieb die wirtschaftliche Bestätigung jedoch aus: Der französische Brüter Super Phenix schaffte es lediglich, klägliche zwanzig Prozent mehr Energie aus dem Uran herauszuholen. Er wurde auch deshalb längst stillgelegt.

Ein weiteres Beispiel für die angebliche Wirtschaftlichkeit der Atomenergie ist der geplante Reaktorbau in Finnland. Die Bayerische Landesbank griff den Skandinaviern mit einem Milliardenkredit unter die Arme, für zwei Prozent Zinsen, viel günstiger als andere branchenübliche Darlehen. Das Geld dient vermutlich eher als Entwicklungshilfe für die Siemens AG, die ihren Hauptsitz in Bayern hat, als für die Finnen. Siemens ist am Bau des neuen Meilers beteiligt. Die Landesbank untersteht der bayerischen Landesregierung, die dem Konzern auf diese Weise versteckte Beihilfen gewährt. Bei der Europäischen Kommission ist deshalb eine Beschwerde eingegangen. Wird ihr stattgegeben, wird es keinen finnischen Atommeiler mehr geben.

Mit normalen Zinsen ist ein wirtschaftlicher Bau der Atomreaktoren offensichtlich nicht möglich. Überhaupt wären die Atommeiler nirgendwo auf der Welt ohne staatliche Unterstützung ans Netz gegangen. Die Atomforschung wird ausschließlich durch öffentliche Mittel finanziert, in den USA, in Großbritannien, in Frankreich, China, Indien und auch bei uns. Die Atomkonzerne erhalten großzügige Steuervorteile, damit sie Rücklagen zur Entsorgung der alten Atomkraftwerke bilden können. Würde man die offenen und versteckten Subventionen aus der Atomwirtschaft auf die erneuerbaren Energien umleiten, wären die Energiewende und der wirtschaftliche Durchbruch beinahe sofort möglich.

Eine letzte Bemerkung zu den Kosten der Atomenergie: Auch nach dem Abschalten der Reaktoren kostet ihr Abbau und die Jahrtausende lange Bewachung des Atommülls in tiefen Stollen weiter Geld. In Karlsruhe wird derzeit ein Forschungsreaktor abgebaut. Dort liegen zehn Kubikmeter hoch radioaktives Material. Das muss aufwändig verglast werden, um es einigermaßen sicher in ein Endlager zu bringen – das bisher noch nicht zur Verfügung steht. Das Verglasen wurde 1990 mit 400 Millionen Mark veranschlagt. Inzwischen belaufen sich die Kosten auf über eine Milliarde Euro – nur für die Verglasung. Im britischen Sellafield sind 84 Kubikmeter vergleichbaren Atommülls ausgelaufen. Sie lagern jetzt ungesichert in einem Keller und warten auf den Rücktransport nach Deutschland. Wie viel ihre Entsorgung kosten wird, hat noch niemand berechnet. Es ist zu befürchten, dass auch dafür Milliardenbeträge anfallen. Jeder politische Versuch, die deutschen Atomkraftwerke länger laufen zu lassen, lässt auch die Kosten für zeitgemäße Sicherheitstechnik, Rückbau und Entsorgung wachsen.

Ganz anders das Szenario bei den erneuerbaren Energien: Im Sonnenland Spanien wird die Photovoltaik schon 2008 wirtschaftlich rentabel sein, um die Bedarfsspitzen zu decken. In den heißen Mittelmeerländern wird besonders viel Strom um die Mittagszeit verbraucht, für Klimaanlagen und Kühlgeräte. Dann scheint die Sonne fast im Zenit und die Stromausbeute der Solarzellen ist besonders ergiebig. Auch Windkraft, Wasserkraft, Geothermie oder Bioenergien werden in spätestens zehn Jahren im Energiemarkt konkurrenzfähig sein. Je mehr Mittel jetzt auf diese Hoffnungsträger geleitet werden, umso schneller kann der Umstieg gelingen.

Brennendes Ölfeld im Irak. Foto: Greenpeace

Solarzellen: Kein Ziel für Terroristen

Eine Alternative zu den erneuerbaren Energien gibt es nicht. Neben langfristiger Versorgungssicherheit bieten sie die Chance, die Welt gerechter zu machen. Soziale Ungleichheiten und Mangel an wichtigen Ressourcen sind die Hauptgründe für Kriege und Terrorismus. Wer den Terror bekämpfen will, muss an die Ursachen gehen. Das Erdöl beispielsweise zementiert das soziale Gefälle und die Ungerechtigkeit. Besonders krass zeigt sich dies in Saudi-Arabien. Die Petrodollars aus Europa, Asien und Amerika verschaffen den Ölscheichs riesige Paläste und obszönen Reichtum. Zugleich fehlt das Geld, um den unteren Schichten auch nur den Anschein einer Ausbildung zu ermöglichen. So verwundert es nicht, dass ausgerechnet das reiche Saudi-Arabien ein besonders gutes Terrain abgibt, um junge Menschen als potenzielle Terroristen anzuwerben. Dieses Phänomen ist in vielen Staaten zu beobachten. Nur wenige Länder versuchen, Reichtum aus dem Erdöl gerecht zu verteilen und kräftig in Bildung oder neue Einkommensquellen zu investieren.

Großkraftwerke, die ihre Energie aus Erdöl, Erdgas, Kohle oder Uran beziehen, sind ein lohnendes Ziel für Terroristen, allen voran natürlich die Atomreaktoren, die das radioaktive Potenzial etlicher Hiroshima-Bomben in sich tragen. Was hingegen würde ein Anschlag auf einen Windpark anrichten? Einige Räder stünden still, aber Tausende drehen sich anderswo weiter. Auch hier zeigt sich, wie segensreich die dezentrale Energieversorgung ist, die mit den erneuerbaren Energien Einzug hält. Dezentralisierung wirkt sich stets stabilisierend aus, weil die gesamte Wirtschaft weniger störanfällig gegen den Ausfall bestimmter Standorte oder Regionen ist. Das gilt für die deutsche Wirtschaft genauso wie im globalen Maßstab. Die Notwendigkeit, viele kleine Stromerzeuger aufzubauen, macht die Energieversorgung als Ganzes extrem sicher und stabil. Da ist es lächerlich, die Angebotsschwankungen bei Windkraft in den Mittelpunkt der Diskussion über Versorgungssicherheit zu rücken. Windschwankungen lassen sich leicht mit Bioenergien, Erdwärme, Wasserkraft und neuen Speichertechnologien ausgleichen.

Die Strategie der US-Amerikaner, sich die weltweiten Energiereserven durch Waffengewalt zu sichern, ändert an der Misere nichts, sondern verschärft sie nur. Aufkommende Großmächte wie China und Indien werden die gleichen Mittel anwenden, so dass die Verknappung des Öls uns an den Rand eines neuen Weltkriegs bringen könnte. Wurden früher die Kriege um Gold und Silber geführt, nehmen heute bereits die Konflikte um das schwarze Gold deutlich zu: im Sudan, in Equador, in Venezuela oder Kolumbien – allesamt Gebiete, in denen sich die Chinesen mehrere Erdölfelder gesichert haben. Der Konflikt hat auch die USA selbst erreicht: So stoppte der amerikanische Kongress im Sommer 2005 in letzter Minuten den Verkauf der Ölfirma Unocal an ein chinesisches Unternehmen. Die Asiaten waren bereit, das Höchstangebot von 18,5 Milliarden US-Dollar hinzublättern. Auch die Krise um den russischen Yukos-Konzern lässt sich vor diesem Hintergrund anders interpretieren als in den meisten Medien. Denn der Eigentümer wollte die russischen Ölquellen an amerikanische Investoren verkaufen. Präsident Putin lehnte ab, er sah staatliche Interessen bedroht. Es könne nicht angehen, dass die USA russische Ölquellen besitzen. Als Vorwand zur Zerschlagung von Yukos diente dann der Vorwurf der Steuerhinterziehung.

Nullemissionen: Der einzige wirksame Klimaschutz

Der wichtigste Grund, jetzt und fortan ganz auf erneuerbare Energien zu setzen, liegt jedoch in einer Überlebensfrage für die Menschheit. Nur die erneuerbaren Energien können die weitere Erwärmung des Weltklimas stoppen. Die Nutzung der fossilen Energieträger hat Hunderte Milliarden Tonnen Kohlendioxid in die Atmosphäre geschleudert, die das natürliche Gleichgewicht im Wärmehaushalt der Erde kippen. Im September 2005 schlug das Max-Planck-Institut für Klimaforschung in Hamburg höchsten Alarm: Die Gletscherschmelze in den Alpen, die Dürreperioden zum Beispiel im Sommer 2005 auf der iberischen Halbinsel, Stürme, Überschwemmungen oder die Eisschmelze in der Arktis nehmen schon jetzt dramatische Ausmaße an. Dadurch wird der Meeresspiegel steigen und ganze Inseln im Pazifik versenken. Die schmelzenden Eismassen könnten sogar den Golfstrom – und damit die Wärmezufuhr für Europa – zum Erliegen bringen. Die Hamburger Forscher bestätigten, wovor andere Klimaforscher seit zehn Jahren warnen. Sogar eine Studie des Pentagon hat die Klimaveränderung analysiert und das Versiegen des Golfstromes als stärkste Bedrohung für die Sicherheit der USA anerkannt, weit gefährlicher als der Terrorismus. Inzwischen warnte das Pentagon gar davor, dass der Golfstrom noch vor 2020 umkippen könnte, was Großbritannien ein sibirisches Klima bescheren würde.

Solarofen im südspanischen Almeria. Das Testpanel spiegelt sich im Parabolspiegel.
Foto: DLR

Dies würde auch Deutschland treffen. Wenn das Pentagon mit seiner Analyse Recht hat, dann müssen wir uns in den kommenden Jahren auf ganz andere Dimensionen der politischen Gestaltung einrichten. Statt zu diskutieren, wie wir die Zuwanderung angesichts von Geburtenrückgängen in den nächsten Jahrzehnten organisieren, werden wir diskutieren müssen, wie große Teile des Kontinents Europa abgesiedelt werden. Wir werden diskutieren müssen, wohin die Hunderte Millionen Menschen gehen sollen, die in Küstenregionen wohnen, die von einem um 2 bis 5 Meter angestiegenen Meeresspiegel überflutet würden. Wir werden diskutieren müssen, wie die Menschen dann ernährt werden sollen, wenn Kornkammern unter dem Meeresspiegel verschwinden oder unter zunehmenden Dürren sich in Wüsten verwandeln.

Testanlage für solarthermische Kraftwerke in Südspanien. Foto: DLR

Der Klimawandel kostet schon heute Tausende Menschenleben, durch Hurrikane, Taifune, verstärkte Monsunregen und die weitere Austrocknung der ärmsten Länder in der Sahelzone. Schlaglichtartig zeigt sich die Brutalität dieser Entwicklung an einem anderen Beispiel: Im Sommer 2005 kam es in einem indischen Kohlerevier zu einer unglaublichen Hitzeperiode. Wochenlang war es mehr als 50 Grad heiß. Durch die Hitze und die Trockenheit entzündeten sich die Kohle von selbst. Das löste einen Funkensturm aus, dem die Menschen kaum entrinnen konnten.

Erst in jüngster Zeit fangen die Statistiker an, die Umweltschäden in Dollar oder Euro zu beziffern. Das ist ein deutliches Signal, dass sie sich im wirtschaftlichen Gefüge schon als spürbare Störgröße bemerkbar machen: Die mit Öl geschmierte Weltwirtschaft gerät ins Stocken. Das Hochwasser der Elbe kostete den Steuerzahler rund sieben Milliarden Euro, für die zerstörten Gebäude und Produktionsausfälle. Wie teuer die Verwüstungen die Amerikaner zu stehen kam, die der Hurrikan Katrina verursachte, ist kaum abzuschätzen. Die US-Regierung spricht von 200 Milliarden US-Dollar, wobei im Bundeshaushalt lediglich achtzig Milliarden Dollar für Finanzhilfen vorgesehen sind. Eine der weltweit größten Versicherungsgesellschaften, die Münchner Rückversicherung, hat die Umweltschäden durch die Klimaerwärmung zwischen 1990 bis 1999 auf rund 600 Milliarden US-Dollar veranschlagt. Seit Jahren nehmen die tropischen und subtropischen Stürme jedoch an Häufigkeit und Heftigkeit weiter zu, auch bei uns häufen sich die Wetterextreme. Experten gehen davon aus, dass allein im Jahre 2005 die Klima bedingten Schäden höher lagen als in der gesamten Dekade der 90er-Jahre.

Doch die Münchner Rück scheint nichts aus ihren eigenen Analysen zu lernen. Andernfalls müsste sie massiv in erneuerbaren Energien investieren. Als einer der größten Investoren gibt sie ihr Geld lieber für Ölpipelines, Kohlekraftwerke und Erdgasfelder aus. Damit fördert ausgerechnet das Unternehmen, dessen Bilanz unter den Folgen der Klimaerwärmung massiv leidet, die weitere Freisetzung von Kohlendioxid. Wenn die Münchner Rück ihr Engagement in Windräder, Photovoltaik und andere erneuerbare Energien lenken würde, könnte sie ihr Kerngeschäft viel besser stabilisieren. Statt dessen bürdet sie den von ihr versicherten Unternehmen und Privatpersonen immer höhere Beiträge auf. Doch es gibt Lichtblicke. Deutschlands größter Versicherungskonzern, die Allianz AG, verkündete kürzlich, dass er rund 500 Millionen Euro in erneuerbare Energien investieren will. Das ist ein wichtiges Signal, auch wenn es angesichts der Finanzkraft der Allianz erst ein kleiner Anfang ist.

Golfküste der USA bald unbewohnbar?

Die Klimaerwärmung ist schon heute dramatisch und nicht mehr hinnehmbar. Die Klimaforscher zeigen, dass sich die Atmosphäre seit der Industrialisierung mit Klimagasen angereichert hat, die zur Erwärmung des Klimas beitragen. Ihre Prognose beispielsweise für Nordeuropa oder die US-amerikanische Golfküste ist düster.

So warnen sie davor, dass die Golfküste der USA demnächst unbewohnbar wird – vielleicht schon 2010, nach weiteren Hurrikanserien wie Katrina. Das vielfach beschriebene Abreißen des Golfstromes könnte bereits in einigen Jahrzehnten – vielleicht schon 2020 – dazu führen, dass Nordeuropa kälter wird und sich Gletscher ausbreiten. Norwegen würde allmählich unbewohnbar. Manche mögen diese Szenarien für zu dick aufgetragen halten. Tatsache ist: Der Golfstrom hat bereits ein Drittel seiner Antriebskraft verloren.

Die Hoffnung, es wird schon nicht so schlimm kommen, hilft auch nicht weiter. Denn die der Klimaentwicklung zu Grunde liegenden Naturgesetze sind erbarmungslos. Es wird übersehen, dass Naturgesetze unerbittlich sind, sich nicht nach menschlichen Diskussionen richten und schon gar nicht nach den Durchsetzungsmöglichkeiten von Weltklimakonferenzen. Kaum diskutiert wird dabei, dass die aktuellen Auswirkungen der Klimaveränderung bereits viel dramatischer sind, als sie vor Jahren noch für möglich gehalten wurden. Da Klimaforscher sehr vorsichtig in ihren Prognosen sind, hatten sie die heute bereits eingetretenen Auswirkungen nicht vorhergesagt. Die fast wöchentlich veröffentlichten neuesten Forschungsergebnisse von Klimaforschern, von Meereswissenschaftlern und Geologen lassen nur den einen Schluss zu: Die Klimaveränderung rast in einer Geschwindigkeit voran, die nicht vorhergesagt wurde. Alle Hoffnungen, es werde schon nicht so kommen, wie die schlimmsten Befürchtungen es voraussagen, sind unbegründet und werden zunehmend von der Realität widerlegt.

Treibhauseffekt: Mehr Kohlendioxid heitzt die Erde auf

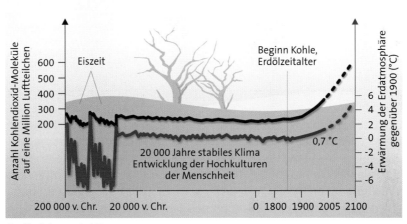

Grafik: Solarpraxis AG

Noch immer werden in der weltweiten Energiewirtschaft, mit massiver deutscher Unterstützung neue Kohlekraftwerke, neue Erdöl- und Erdgaspipelines und neue Erdöl fressende Autos gebaut. Statt den noch fest unter der Erdoberfläche gebundenen Kohlenstoff in den noch ungeöffneten oder noch nicht völlig ausgebeuteten Kohle-, Erdöl-, Erdgaslagerstätten zu belassen, wird auch mit massiver deutscher Exportunterstützung daran gearbeitet, neue Lagerstätten zu erschließen, mit all den klassischen Umwelt- und Friedensproblemen, die damit einhergehen. Der fest im Boden gebundene Kohlenstoff wird so in immer größerer Geschwindigkeit in die Atmosphäre freigesetzt, wobei es nur wenig Unterschied macht, ob er durch hocheffiziente oder durch verschwenderische Kraftwerke und Autos in die Atmosphäre geschickt wird. Immer trägt dies dazu bei, dass die Konzentration von Klimagasen sich in der Atmosphäre weiter erhöht.

Dabei liegt der heutige Gehalt von Kohlendioxid in der Atmosphäre bereits um fast ein Drittel höher als irgendwann in den vergangenen 400.000 Jahren. Und dennoch will der Teil der Weltgemeinschaft, der Kyoto unterschrieben hat, zulassen, dass der Gehalt an Kohlendioxid weiter steigt. Ja sogar eine Temperaturerhöhung von zwei Grad Celsius wird als akzeptabel anerkannt.

Dabei sind die Hiobsbotschaften über die Auswirkungen der Klimaveränderung der heute bereits erreichten Temperaturerhöhung von 0,7 Grad Celsius dramatisch. Die Gletscherschmelze an den Rändern Grönlands und anderer Arktisregionen lassen in wenigen Jahren Schlimmstes befürchten.

Wirksamer und radikaler Klimaschutz: jetzt!

Das Ziel kann nur lauten: keine weitere Erhöhung der Klimagase in der Atmosphäre, damit die Temperatur nicht weiter steigt. Die erste und entscheidende Grundvoraussetzung dafür ist, jegliche Emissionen von Klimagasen zu stoppen. Dies bedeutet, das Verbrennen von Erdöl, Erdgas und Kohle zu beenden und die Energieversorgung auf erneuerbare Quellen umzustellen. Erneuerbare Energien sind emissionsfrei oder bei den Bioenergien emissionsneutral. Gleichzeitig muss auch die Rohstoffbasis der Petrochemie durch nachwachsende Rohstoffe ersetzt werden. Eine solche Null-Emission-Strategie wäre nicht gleichbedeutend – wie viele glauben – mit Deindustrialisierung oder sinkendem Wohlstand. Es gibt heute schon Fabriken, die sich vollständig aus erneuerbaren Energien speisen. Auch größere Kommunen beweisen, dass es funktioniert. Was im Kleinen beginnt, kann auch im Großen gelingen: Immerhin reichen die Potenziale der erneuerbaren Energien für ein Vielfaches der heutigen Weltenergieversorgung aus. Allein die Solarstrahlung ist 15.000 mal höher als der heutige jährliche Energieverbrauch.

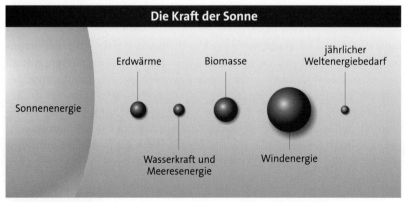

Grafik: Solarpraxis AG

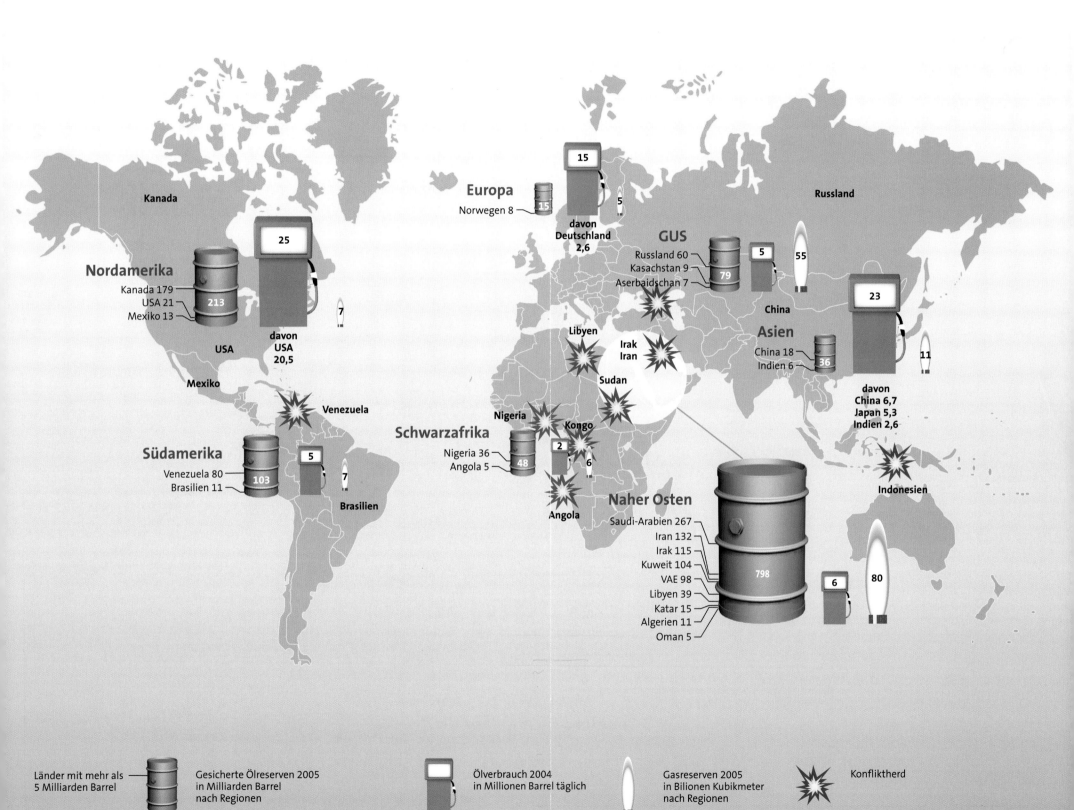

Kanada

Nordamerika

Kanada 179
USA 21
Mexiko 13

213

25

7

USA

davon
USA
20,5

Mexiko

Europa

Norwegen 8

15

15

5

davon
Deutschland
2,6

Russland

GUS

Russland 60
Kasachstan 9
Aserbaidschan 7

79

5

55

China

Asien

China 18
Indien 6

36

23

11

davon
China 6,7
Japan 5,3
Indien 2,6

Venezuela

Südamerika

Venezuela 80
Brasilien 11

103

5

7

Brasilien

Libyen

Irak
Iran

Sudan

Schwarzafrika

Nigeria

Nigeria 36
Angola 5

48

Kongo

2

6

Angola

Indonesien

Naher Osten

Saudi-Arabien 267
Iran 132
Irak 115
Kuweit 104
VAE 98
Libyen 39
Katar 15
Algerien 11
Oman 5

798

6

80

Länder mit mehr als
5 Milliarden Barrel

Gesicherte Ölreserven 2005
in Milliarden Barrel
nach Regionen

Ölverbrauch 2004
in Millionen Barrel täglich

Gasreserven 2005
in Bilionen Kubikmeter
nach Regionen

Konfliktherd

Peak of Oil: Ende der Ölförderung in Sicht

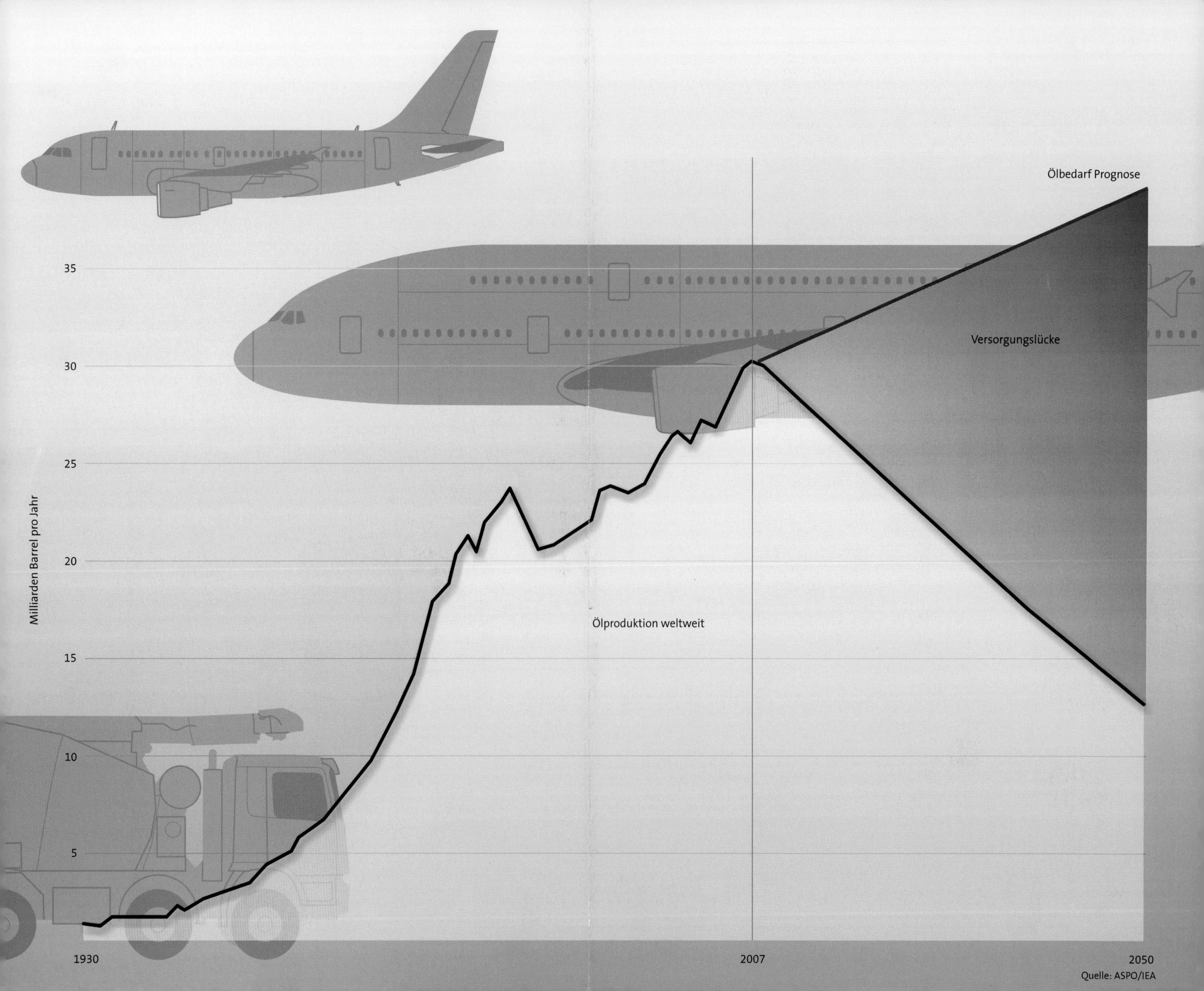

Ölbedarf Prognose
Versorgungslücke
Ölproduktion weltweit
Milliarden Barrel pro Jahr
35
30
25
20
15
10
5
1930
2007
2050
Quelle: ASPO/IEA

Eine Null-Emission-Strategie könnte dazu führen, dass die Konzentration der Klimagase in der Atmosphäre sinkt, und dass ein beachtlicher Teil dieser Gase von den Ozeanen absorbiert wird. Es ist allerdings fraglich, wie lange die Ozeane ihre Kompensationswirkung noch aufrechterhalten können, angesichts der rasant zunehmenden Neuemissionen in die Atmosphäre. Die Bildung von Humus bindet gleichfalls viel Kohlenstoff, denn die Pflanzen nutzen das Kohlendioxid in der Luft, um zu wachsen und Sauerstoff frei zu setzen. Mehr Humus könnte die Fruchtbarkeit der Böden erhöhen und höhere landwirtschaftliche Erträge schaffen. Somit könnten noch mehr Pflanzen für die Nutzung als Lebensmittel, als Bioenergien und als Rohstoffe für die chemische Industrie angebaut werden, ohne dass die Nahrungsgrundlage der Welt gefährdet wäre. Auch Ideen, das Kohlendioxid aus der Luft zu filtern und damit gleichzeitig Energie zu gewinnen, befinden sich bereits in der Forschung.

Aufständerung von Sonnenkollektoren auf geschwungenen Holzträgern im Solarpark Höslwang im Chiemgau. Foto: BGZ AG, Husum

Um es deutlich zu sagen: Der Abschied von Erdöl, Erdgas, Kohle und Uran muss konsequent und unumkehrbar sein. Auch ein Auto, das nur drei Liter Benzin auf hundert Kilometer verbraucht, gibt Kohlendioxid in die Umwelt ab. Auch neue Technologien, um der einheimischen Kohle zu einer Wiedergeburt zu verhelfen, ändern nichts daran, dass die Verbrennung von Kohlenstoff unserer Umwelt – und damit uns allen – zusätzliche Lasten aufbürdet. Der einzige Ausweg: die Entwicklung von Nullemissionstechnologien. Dazu bedarf es nicht der Beschlüsse der Weltgemeinschaft, sondern des Willens einiger Industrienationen, voranzugehen. Sobald in ein paar Jahren diese Techniken in industrieller Massenfertigung sind, werden sie kostengünstiger als fossile Techniken sein. Sodann werden sie ihren Siegeszug um die Welt antreten, um schädliche Technologien nach und nach zu ersetzen. Deutschland ist bereits ein solcher Vorreiter. Noch sind große Teile der Umweltbewegung nicht einmal bereit, über eine solche Strategie nachzudenken. Statt aus dem Dilemma herauszukommen, dass trotz vieler Weltklimakonferenzen die Emissionen immer schneller steigen, wird in immer schnellerer Geschwindigkeit das unwirksame Karussell der Weltklimakonferenzen gedreht.

Es reicht vielen ja offensichtlich zur Beruhigung des Gewissens aus, man habe sich dort für mehr Klimaschutz eingesetzt. Doch: Wer das Kyoto-Protokoll akzeptiert, billigt weiterhin zu hohe Emissionen. Denn es schreibt fest, dass mehr als neunzig Prozent der Emissionen von 1990 auch in Zukunft in die Luft gepustet werden. Gefeilscht wird lediglich um einige Prozente der Emissionsreduktion, nicht aber um einen grundsätzlichen Abschied von Klimagasemissionen.

Dabei ist es so einfach: Erneuerbare Energien und nachwachsende Rohstoffe machen die Vision einer emissionslosen Wirtschaft möglich. Doch leider gibt es innerhalb der Umweltbewegung noch immer Widerstände gegen Windräder wegen angeblicher Landschaftszerstörung. Die Betreiber von Solaranlagen werden der Flächenversiegelung bezichtigt. Die Ängste vor einer gentechnisch orientierten Landwirtschaft führen zur Ablehnung der Bioenergien, statt die neuen Chancen aufzugreifen, die sich mit neuen ökologischen Anbaumethoden ohne Gentechnik gerade für den Anbau von Energiepflanzen bieten.

Die Zeit der Verhinderer läuft ab

Auch der Ausbau von Kleinwasserkraft wird von vielen Umweltverbänden abgelehnt, wegen angeblicher Schädigung der Fließgewässerökologie. Dabei lässt sie sich z.B. mit Umgehungsgerinnen bestens optimieren. Übersehen wird allerdings häufig, dass die weltweite Fließgewässerökologie massiv durch Klimaveränderung, durch Abwärme aus Kohlekraft oder durch Bergbau von fossilen und atomaren Rohstoffen geschädigt wird. Die fossile und atomare Energiewirtschaft ist wohl der größte Wasserverschmutzer der Erde. Die zunehmend sich verschärfende Trinkwasserproblematik der Erde benötigt daher zwingend die Ablösung des herkömmlichen Energiesystems. Dazu braucht es eben auch Kleinwasserkraft. Allerdings muss der zerstörerische Ausbau der großen Staudämme, nach der gigantomanischen Art eines chinesischen Dreischluchtenkraftwerkes beendet werden. In einem zukünftigen regenerativen Energiemix werden sie nicht einmal benötigt.

Doch die Zeit dieser Bedenkenträger und Verhinderer läuft ab. Die Verknappung von Erdöl und Erdgas wird sogar die Automobilkonzerne zwingen, Fahrzeuge ohne Benzin oder Diesel zu entwickeln. Oder sie werden von der Weltkarte der globalen Wirtschaft verschwinden. Begriffen haben das die Manager offenbar noch nicht: Auf der Internationalen Automobilausstellung 2005 in Frankfurt am Main stellte Volkswagen den neuen Luxuswagen Bugatti vor, der sage und schreibe 25 Liter Benzin auf hundert Kilometer verbraucht. Fährt man diesen Boliden eine Viertelstunde lang mit Vollgas, ist der Tank leer. Eine einzige Zahl sei dagegen gesetzt: Die weltweiten Ölreserven werden derzeit auf höchstens 1.200 Milliarden Barrel veranschlagt. Umgerechnet auf sechs Milliarden Menschen stehen pro Kopf also noch 200 Barrel zur Verfügung. Ein Barrel sind 159 Liter. Macht knapp 32.000 Liter Rohöl. Man kann sich leicht ausrechnen, ab wann der teure Bugatti für immer in der Garage verrosten wird.

Es geht auch anders: Toyota hat ein Hybridauto auf den Markt gebracht, das einen Verbrennungsmotor und einen Elektromotor vereint. Ein weiter entwickeltes Hybridauto kann auch über die Steckdose mit Solarstrom vom Hausdach aufgeladen werden und der Verbrennungsmotor mit Bioethanol fahren. Schon ist das verbrauchsarme, erdölfreie Auto fertig. Der Verkaufserfolg des Prius spricht für sich. Deutsche und US-Hersteller können dem bisher nichts entgegensetzen. Auch an Entwicklungen von emissionsfreien, mit Ökostrom betriebenen, hoch effizienten Autos wird in Japan, Indien und China intensiv geforscht. So arbeitet Mitsubishi an einem völlig neuartigen rein elektrisch betriebenen Auto. Die weiter steigenden Erdölpreise werden auch deutsche Kunden bewegen, bald die erdölfreien Autos aus Japan, Indien oder China zu kaufen. Womit drastische Verluste in der deutschen Automobilindustrie einhergehen, Zehntausende werden ihre Jobs verlieren. Die Uneinsichtigkeit der deutschen Automobilmanager werden wir noch bitter bezahlen.

Öl und Gas: Die Reserven schwinden

**In wenigen Jahren erreicht die Förderung von Erdöl
Ihr Maximum, danach geht sie nur noch bergab.
Die Preise werden steigen – und zwar kräftig.**

Von Jörg Schindler und Werner Zittel

Jedes Wachstum stößt irgendwann an seine Grenzen. Dies gilt für körperliches Wachstum von uns Menschen, für wachsende Bevölkerungen, den Verbrauch von in Jahrmillionen angesammelten Energievorräten, oder die Fähigkeit der Atmosphäre, Gase und Partikel aufzunehmen. Die Grenzen des Wachstums machen sich in verschiedener Weise bemerkbar, doch die grundsätzliche Erkenntnis gilt universell: Unbegrenztes Wachstum ist wegen der endlichen Ressourcen in der Natur und der Gesellschaft nicht möglich.

Schon vor mehr als 200 Jahren stellte der britische Ökonom Robert Malthus als erster die These auf, dass die Bevölkerung eines Staates nicht beliebig wachsen kann. Die Ressourcen, die dem Staat zur Ernährung, Kleidung und Energieversorgung seiner Bewohner zur Verfügung stehen, bewegen sich stets innerhalb bestimmter Schranken. Vor nunmehr 35 Jahren schlug sich diese Erkenntnis im Bericht „Grenzen des Wachstums" nieder, den Dennis Meadows und seine Mitarbeiter im Auftrag des Club of Rome erstellten. Sie analysierten die Zukunftsaussichten der Industriegesellschaft und stellten fest: Auch die hochtechnisierte Zivilisation kann sich auf Dauer nicht unbegrenzt ausdehnen.

Man sollte meinen, diese Erkenntnis gehöre mittlerweile zum Allgemeingut. Doch in der gegenwärtigen Debatte um die schwindenden Energiereserven gleicht es beinahe einer Tabuverletzung, wenn man die Endlichkeit der Lagerstätten von Öl und Erdgas in Betracht zieht. Alle Erklärungsmuster scheinen erlaubt, nur dieses eine nicht: dass uns Erdöl und Erdgas in absehbarer Zeit nicht mehr in ausreichender Menge zur Verfügung stehen. Und dass die mit der Energiegewinnung aus fossilen Brennstoffen einhergehenden Umweltschäden größer sind, als die Erde und die Zivilisation verkraften kann.

Man unterscheidet materielle Ressourcen in zwei Kategorien: Nicht erneuerbare werden sich innerhalb menschlicher Zeiträume erschöpfen.

Unter erneuerbaren Ressourcen werden all die Stoffe gezählt, die sich ständig von selbst erneuern oder sich durch stete Energiezufuhr immer wieder regenerieren lassen.

Darüber hinaus unterscheidet man auch die Nutzung der Ressourcen: in energetische und stoffliche Nutzung. Bei der energetischen Nutzung dienen die Rohstoffe der Energieerzeugung. Erdöl und Erdgas werden verbrannt, um mit der Wärmeenergie Blockheizkraftwerke oder Turbinen anzutreiben. Diese Turbinen erzeugen Strom. Oder die Wärme dient dazu, Heizungen zu versorgen. Je mehr Heizenergie ein Rohstoff liefert, desto attraktiver ist seine energetische Nutzung. Doch Erdöl und Erdgas kommen in der Erdrinde vor, die Lagerstätten sind endlich. Je mehr dieser kostbaren Rohstoffe verbrannt werden, desto schneller entleeren sich die Lagerstätten. Hinzu kommt, dass beispielsweise Erdöl ein wichtiger Rohstoff für die chemische Industrie ist. Sie macht daraus Benzin oder Kunststoffe, nutzt den Rohstoff also auch stofflich aus.

Nur Muskelkraft und Haustiere

Die Nutzung der Energieträger ist eng mit der Dynamik der menschlichen Entwicklung verknüpft. Der frühe Mensch konnte nur seine eigene Muskelkraft und die seiner Haustiere nutzen, auch setzte er Holz und Torf (Biomasse) ein, um sich am Feuer zu wärmen. Später lernte er, die Kraft des Wassers und des Windes zu zähmen, um Mühlen anzutreiben oder Segelschiffe übers Meer zu steuern.

Mit dem Industriezeitalter begann der Mensch, die so genannten fossilen Energiequellen verfügbar zu machen. Darunter versteht man chemisch gebundene Energievorräte, die sich über Hunderte von Millionen Jahren gebildet haben: Erdöl, Erdgas oder Kohle. Mit der Industrialisierung ging eine beschleunigte Entwicklung der menschlichen Bevölkerung einher, auf heute mehr als sechs Milliarden Menschen. Erst der Einsatz von Kohle ermöglichte die Entwicklung von Dampfmaschinen, die Webstühle und Schiffe schneller und zuverlässiger antreiben konnten. Kohle hat eine größere Energiedichte als beispielsweise Holz, deshalb hat sie die Kraft, schwere Lokomotiven anzutreiben. Den größten Sprung aber brachte die technische Nutzung von Erdöl. Damit konnten Schiffe noch schneller und weiter fahren. Durch das Erdöl wurden Autos und Flugzeuge zum massenhaften Gebrauch überhaupt erst möglich, denn in Raffinerien ließ es sich zu Benzin und Dieselkraftstoff veredeln.

Wissenschaftlich gesehen bedeutete der Aufstieg von der Muskelkraft über das Holz und die Kohle bis zum Erdöl vor allem eins: den Übergang zum energetisch wertvolleren Energieträger. Dieser Wandel wurde vor allem durch die attraktiveren Eigenschaften des neuen Energieträgers voran getrieben. Die mangelnde Verfügbarkeit erschöpfter Vorräte an Holz oder Kohle spielte dagegen kaum eine Rolle.

Hier tankt die Industriegesellschaft: Benzin und Diesel an einer Zapfsäule in London.
Foto: BP

Bei Erdöl ist nun jedoch das Fördermaximum erreicht. Damit stehen wir vor einer neuen Situation, die einen Bruch mit der bisherigen Entwicklung darstellt. Der Übergang zu neuen Energiequellen wie Solarstrom oder Heizwärme aus Biomasse wird von der mangelnden Verfügbarkeit des Erdöls erzwungen. Es ist nicht zu erwarten, dass uns die Natur in den kommenden Jahren einen fossilen Energieträger anbietet, der eine höhere Energiedichte als Erdöl aufweist und ebenso günstig zu nutzen ist. Alle bekannten Alternativen haben eine geringere Energiedichte. Sie sind beispielsweise für den Einsatz in Verkehrsmitteln weniger geeignet. Dies gilt für Erdgas, für in Batterien gespeicherte Elektrizität, für Wasserstoff und andere chemische Energieträger.

Das Fördermaximum von Erdöl wird in der Branche mit dem Fachbegriff „Peak Oil" beschrieben. Der Eingängigkeit halber wird dieser Begriff auch hier verwendet. In der menschlichen Geschichte hat es bisher kein dem Peak Oil vergleichbares Ereignis gegeben, das so bedeutsame Veränderungen auslösen wird. Aller Voraussicht nach wird die Endlichkeit der Ölreserven die Dynamik der globalisierten Wirtschaft nachhaltig beeinflussen. Genau zu wissen, wann sich diese Ressourcen dem Ende neigen, ist daher von entscheidender Bedeutung.

Das Frühwarnsystem der Banker

Es mehren sich die Anzeichen, dass uns das technisch und wirtschaftlich mögliche Maximum der Förderung von Rohöl unmittelbarer bevorsteht. Erste Auswirkungen können wir bereits in den starken Preissprüngen für Rohöl und Energie während der vergangenen Monate erkennen. Die Verdoppelung des Ölpreises innerhalb von weniger als zwei Jahren lässt sich nicht mehr mit den gängigen Mustern des Energiemarktes erklären. Ein neuer Effekt wird spürbar, der zu diesem kontinuierlichen Preisschub führt. Nominal liegt der Ölpreis mittlerweile so hoch wie noch niemals während der letzten fünfzig Jahre. Selbst real hat er bereits die Preise aus der Zeit der Ölpreisschocks 1979 und 1980 erreicht. Doch noch erscheinen die Auswirkungen auf die Weltwirtschaft wesentlich geringer als damals.

Die Preise für Rohstoffe und Energieträger werden von Börsenanalysten und Banken auf das Genaueste verfolgt, denn in diesem Geschäft winken Gewinne oder Verluste in Milliardenhöhe. Folgt man den Berichten führender Geldinstitute, so werden die Ölpreise in den kommenden Jahren weiter steigen.

Jeff Rubin, der Chefökonom der Canadian Imperial Bank of Commerce, hat die weltweit im Förderrückgang befindlichen Ölfelder mit neu erschlossenen Lagerstätten verglichen. Er kommt im April 2005 zu dem Schluss, dass bis zum Jahr 2010 eine Lücke zwischen dem Ölangebot und der Nachfrage von neun Millionen Barrel pro Tag klaffen könnte. Diese Lücke ließe sich nur dadurch schließen, dass die Nachfrage sinkt. Rubin erwartet, dass erst ein Preis von 100 US-Dollar für den Barrel Rohöl die Abnehmer dazu zwingen könnte, sparsamer mit dem „Schwarzen Gold" umzugehen.

Schon im Sommer 1999 äußerten sich auch Investmentbanker von Goldman Sachs kritisch über die künftige Verfügbarkeit von Erdöl. Damals ergriff eine bislang ungekannte Fusionswelle die Ölbranche. Der Großkonzern Exxon ging mit Mobil zusammen, Total mit Fina und British Petrol mit Amoco und später mit Arco. Die Banker kommentierten seinerzeit in ihrem wöchentlichen Energiereport für Investoren: „Diese große Fusionswelle ist nichts weiter als die Anpassung eines aussterbenden Industriezweiges, der anerkennen muss, dass neunzig Prozent der Weltvorräte an Öl bereits gefunden wurden."

Im Frühjahr 2005 erregte Goldman Sachs erneut Aufsehen, dieses Mal mit der Analyse, der Barrelpreis könne innerhalb der nächsten Jahre auf 105 US-Dollar steigen. Die einfache Begründung für diese Prognose lautete: Da das Ölangebot auf dem Weltmarkt nicht ausreichend ausgeweitet werden könne, müssen die Preise so lange steigen, bis die Nachfrage einzubrechen beginnt. Während der Ölpreisschocks am Ende der 70er Jahre brach die Ölnachfrage auf dem US-Markt erst ein, als sich das

Barrel Rohöl von zehn US-Dollar auf 35 US-Dollar verteuerte. Goldman Sachs berechnete den damaligen Anteil der Spritkosten am verfügbaren Einkommen der amerikanischen Autofahrer, sprich: ihrer privaten Haushaltskasse. Übertragen auf die heutigen Einkommen, würde etwa ab 105 US-Dollar pro Barrel diese Schmerzgrenze wieder erreicht.

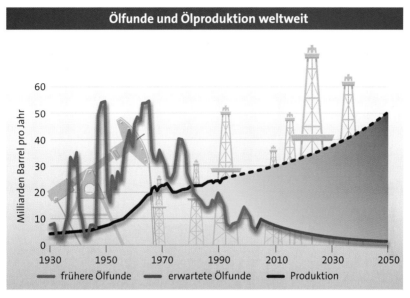

Grafik: Solarpraxis AG

Auch die Deutsche Bank Research Group meldete sich zu Wort. Im Dezember 2004 veranstaltete das größte deutsche Geldhaus einen Workshop über die Zeit nach dem Erdöl. Im Begleitpapier heißt es: „Die Zeichen mehren sich, dass sehr viel früher als bisher erwartet mit einer Verknappung bei Erdöl gerechnet werden muss". Weiter schreiben die Finanzexperten: „Der längerfristige Preistrend ist aufwärts gerichtet". Die Hypo Vereinsbank überarbeitete kürzlich ihre Prognosen für das Jahr 2006 und hob die bisherige Preisprognose von 54 US-Dollar pro Barrel Rohöl auf 73 US-Dollar an, immerhin um fast zwanzig US-Dollar! Anders als bei den nordamerikanischen Geldinstituten wird das Problem des Fördermaximums von deutschen Banken als Ursache des erwarteten Preisanstiegs bisher – zumindest in der Öffentlichkeit – kaum thematisiert.

Auch bei den Ölfirmen selbst mehren sich die direkten und indirekten Hinweise darauf, dass die Kapazitäten der Ölförderung schon bald nicht mehr ausgeweitet werden können. Ein relativ kleiner Ölförderer ist das kalifornische Unternehmen Unocal. Pro Tag fördert es rund 200.000 Barrel, der Jahresumsatz erreicht rund 6,5 Milliarden US-Dollar. Im April 2005 wurde es vom Konkurrenten ChevronTexaco geschluckt, für einen Rekordpreis von 18 Milliarden US-Dollar. Diese immense Kaufsumme ist ein deutlicher Hinweis darauf, wie wertvoll Öl geworden ist. Denn drei Jahre zuvor wurde das britische Förderunternehmen Enterprise, das eine ähnliche Förderrate erreicht, für nur fünf Milliarden US-Dollar verkauft und 2003 konnte British Petrol den russischen Versorger TNK für nur neun Milliarden US-Dollar erwerben. TNK förderte damals am Tag etwa 700.000 Barrel, also dreieinhalb mal soviel wie Unocal. Nur die Erwartung der Konzerne, dass die Ölpreise bald deutlich steigen, können den enormen Preissprung bei den Firmenkäufen erklären.

Dies sind die jüngsten Beispiele für Zusammenschlüsse in der Branche. Der kleiner werdende Kuchen wird neu verteilt, um einigen Unternehmen weiterhin ein Wachstum zu ermöglichen. Doch wenn neue Funde und Förderausweitungen aus eigener Kraft ausbleiben, so können die Erträge der Firmen nur über steigende Ölpreise wachsen. Allerdings können die westlichen börsennotierten Ölkonzerne den Rohölpreis nicht aus eigener Kraft gestalten – dazu ist ihr Anteil am Weltmarkt zu gering. So hält die größte private Ölgesellschaft, ExxonMobil, etwa drei Prozent an der Weltölförderung und weniger als zwei Prozent an den Weltölreserven.

Erdölbohrturm vor der Küste Angolas. Foto: BP

Gängige ökonomische Theorien sagen, dass sich bei steigenden Ölpreisen die Suche und Erschließung neuer Ölfelder für die Unternehmen wieder lohnen werde. Daher werde der gegenwärtige Preisanstieg, der vor allem durch die große Nachfrage aus China und Indien getrieben sei, bald durch ein ausgeweitetes Angebot gebremst und vielleicht sogar in sein Gegenteil verkehrt. Doch das tatsächliche Verhalten der Unternehmen, das sich in den Geschäftsberichten spiegelt, bestätigt diese Hypothese nicht. Zwar steigen die Ausgaben der Unternehmen, doch diese

Mehrausgaben werden nicht für eine intensive Suche nach neuen Ölfeldern verwendet. Am Beispiel der größten westlichen Ölkonzerne Exxon-Mobil, British Petrol und Shell lässt sich erkennen: Ihre tägliche Ölfördermenge erreichte im Jahr 2005 zusammen rund 7,2 Millionen Barrel. Das sind zwar vier Prozent mehr als im Jahr 1998. Rechnet man aber ein, dass ein großer Teil dieser Förderkapazität durch Firmenzukäufe oder Beteiligungen abgedeckt wurde, fiele die Förderung um acht Prozent.

Im gleichen Zeitraum gingen die Investitionen für die Suche nach neuen Feldern um fast vierzig Prozent auf 2,5 Milliarden US-Dollar zurück. Gestiegen sind dagegen die Ausgaben für die Aufrechterhaltung und Ausweitung der Förderung (inklusive der Firmenkäufe und Beteiligungen), nämlich um 29 Prozent auf 33 Milliarden US-Dollar. Gestiegen sind auch die Aufwendungen zum Rückkauf eigener Aktien, und zwar von gut vier Milliarden US-Dollar im Jahr 2000 auf fast 35 Milliarden US-Dollar vier Jahre später.

Es ist für die Unternehmen offenbar weniger riskant und kostengünstiger, ihre Produktion durch den Kauf von Konkurrenten zu erhöhen, statt durch die Suche und Erschließung von neuen Ölfeldern. Für diejenigen Leser, die an den genauen Zahlen interessiert sind, bieten wir an dieser Stelle einen tabellarischen Überblick. Grundlage sind die Jahresberichte der drei genannten Ölkonzerne:

Im Jahr 1997 überraschte British Petrol die Ölbranche und die Umweltverbände, als es aus der fest gefügten Phalanx der Öl- und Kohleunternehmen ausscherte und die „Global Climate Coalition" verließ – eine Lobbyorganisation zur Bekämpfung politischer Maßnahmen gegen den Treibhauseffekt. Als erstes und lange Zeit einziges Unternehmen der Branche bekannte sich British Petrol, abgekürzt BP, öffentlich zur Sorge um das Weltklima. Damals begann das Unternehmen auch sein Engagement für regenerative Energien auszubauen. Lange Zeit wurde gerätselt, was das Unternehmen zu diesem Strategiewechsel veranlasst hatte. Vor der Kulisse der beginnenden Ölverknappung scheint dieser Schritt jedoch nicht unlogisch: Man bekennt sich zum Klimaproblem und damit zu Maßnahmen, die den Ölverbrauch drosseln. Damit kann man einerseits den unvermeidlich einsetzenden politischen Veränderungsprozess mitgestalten und erhält obendrein noch den Applaus der Umweltgruppen.

Gleichzeitig übernahm BP in dieser Zeit zwei wichtige Konkurrenten. Der Fusion mit Amoco zu BP-Amoco folgte wenig später die Übernahme von Arco (BP-Arco-Amoco). Kurz darauf wurde der Name wieder eingedampft auf das ursprüngliche Firmenlogo BP, dass jetzt für „Beyond Petroleum" stehen sollte, als Hinweis auf die Zeit nach dem Erdöl. Dieser vermeintlich grüne Wandel war begleitet von einem neuen Auftritt in der Öffentlichkeit und Logo: einer stilisierten Sonnenblume. Auf diese Weise wurden die Erinnerungen an Arco und Amoco getilgt. Doch wurde „Beyond Petroleum" von BP zunächst nur zögerlich kommuniziert, vielleicht auf Druck der Investoren. Seit kurzem wird der Slogan aber stark in der Öffentlichkeitsarbeit betont. Ebenfalls Ende der 90er Jahre erfolgte die Fusion von Exxon mit Mobil. Die Unternehmen Elf, Total und Fina gingen einen ähnlichen Weg und sind heute unter dem Firmennamen Total vereinigt. Im enger werdenden Markt der Ölreserven werden die Claims abgesteckt. Die großen Unternehmen haben eine günstigere Position als die vielen kleinen Firmen. Doch auch kleinere Unternehmen eröffnen sich Wachstumspotenziale, indem sie Felder übernehmen, die den Großen zu klein und zu wenig rentabel sind.

Aus den Zahlen der Geschäftsberichte geht auch hervor, dass die Kosten für die Aufrechterhaltung der Förderung und die weitere Entwicklung bekannter Ölfelder ebenfalls stark ansteigen. Die brasilianische Petrobras beispielsweise veröffentlicht jedes Quartal seine durchschnittlichen Förderkosten. Im Jahr 1999 musste das Unternehmen etwa vier US-Dollar aufwänden, um ein Barrel Rohöl aus den Tiefen der Erde zu heben. Inzwischen sind die Förderkosten drastisch auf 13 bis 14 US-Dollar gestiegen. Dieser Wert bezieht sich auf die durchschnittlichen Förderkosten gemittelt über die gesamte Produktion. Die Grenzkosten, also die Kosten für die Erschließung neuer Felder, liegen deutlich höher. Sie wurden für die westlichen Unternehmen von Goldman Sachs für das Jahr 2004 bereits mit 35 US-Dollar pro Barrel angegeben.

Dank höherer Preise erzielte die Ölbranche in den vergangenen drei Jahren trotz gestiegener Förderkosten jeweils historische Höchstgewinne. Wie bereits angesprochen werden diese Gelder nicht wieder in neue Exploration, also in die Geschäftsgrundlage von morgen, investiert. Die Gewinne fließen vielmehr in großzügige Dividenden für die Aktionäre oder werden eingesetzt, um Aktien im großen Stil zurückzukaufen.

Man kann vermuten, dass dahinter eine Strategie zur Abmilderung von Kursrisiken steht. Doch lässt sich ebenso gut der Schluss ziehen, dass sich die Unternehmen auf den Rückzug aus dem Ölgeschäft vorbereiten. Denn gäbe es noch die Aussicht auf große Gewinne durch die Erschließung neuer Felder, würden sie dann nicht ihr Geld viel besser in der Erkundung und Erschließung dieser Lagerstätten anlegen? Offenbar glauben die Ölkonzerne selbst nicht mehr daran, dass sich die Förderung in Zukunft noch ausweiten lässt.

Mehr Öl gefördert als neu gefunden

Ein Blick auf die Statistik der Ölfunde bestätigt diesen Verdacht. Sie wurde 1998 vom britischen Geologen Colin Campbell erstellt. Er wies nach: Die Ölfunde nehmen seit nunmehr vierzig Jahren ab. In der Zeit zwischen 1965 und 2005 wurden insgesamt etwa 960 Milliarden Barrel

Öl gefunden – etwa so viel wie in der gesamten Zeit davor. Allerdings war die jährliche Fundrate nicht konstant, sondern stieg mit der Intensivierung der Ölsuche etwa bis in die 60er Jahre auf über vierzig Milliarden Barrel im Jahr an, um dann tendenziell stetig zurückzugehen. Seit etwa 1980 liegt die jährliche Fundrate unter der Förderrate. Das heißt: Seit einem Vierteljahrhundert wird jedes Jahr mehr Öl gefördert als neu gefunden.

Die Ölbranche selbst bestätigt diese Zahlen: 1998 erklärte der damalige Vorstandsvorsitzende des italienischen Staatskonzern Eni, Franco Bernabe, im Wirtschaftsmagazin Forbes, dass er das Weltfördermaximum für Erdöl um das Jahr 2005 erwarte. Anschließend werde die Förderung pro Jahr um zwei bis drei Prozent sinken. Das waren deutliche Worte, die großes Aufsehen erregten. Bernabe wechselte wenig später in die Telekommunikationsbranche. Mit seiner Prognose lag er – wie wir heute wissen – wahrscheinlich ziemlich richtig. Erinnert sei auch an eine bemerkenswerte Ansprache von Mike Bowlin, dem Vorstandsvorsitzenden von Arco, in einer Expertenrunde in Cambridge im Februar 1998: „Wir stehen davor, die letzten Tage des Ölzeitalters anzutreten", warnte er damals – kurz danach wurde Arco von British Petrol übernommen.

Im Jahr 2002 wurden die Signale aus der Branche deutlicher. Sogar ExxonMobil – bis dato als Meister der Verleugnung von Klima- und Ressourcenproblemen aufgetreten – sprach von großen Schwierigkeiten, denen sich die Branche in Zukunft gegenüber sähe. Das Unternehmen bestätigte die von Colin Campbell gezeichnete Statistik der Ölfunde. Zugleich zeigte ExxonMobil damit auch, dass die Entwicklung der Ölfunde unabhängig vom Ölpreis war, dass also ein hoher Ölpreis nicht zu vermehrten Ölfunden führt. Der Konzern bestätigte auch Zahlen, die in einem Bericht der Internationalen Energieagentur zirkulierten: Darin war vom Anstieg des Weltölverbrauchs bis 2025 um sage und schreibe fünfzig Prozent die Rede. Dann müsse man bis 2010 etwa achtzig Prozent der heutigen Weltfördermenge neu erschließen, ließ Rex Tillerson verlauten, seinerzeit Direktor von ExxonMobil. Und das werde sehr teuer: Zwischen 2000 und 2010 müssten die Konzerne etwa eine Billion US-Dollar in die Erschließung neuer Ölquellen investieren – ungleich mehr, als sie dafür in der Vergangenheit ausgegeben hätten. Mister Tillerson stieg mittlerweile in der Hierarchie des Weltkonzerns ganz nach oben auf: Er wurde als Vorstandsvorsitzender designiert. Der eigentliche Skandal ist jedoch die Prognose der Internationalen Energieagentur. Exxon verhält sich sehr geschickt: Die Manager behaupten nicht, die Prognose sei unsinnig, sondern sie sagen: Wenn man das erreichen will, dann muss man sehr viel mehr Geld investieren als bisher. Mit dieser Argumentation kann man später das geologisch begründete Fördermaximum auf mangelnde Investitionen zurückführen und damit das Problem der zur Neige gehenden Vorräte kaschieren.

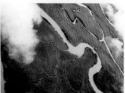

In den Sümpfen des Niger-Delta in Nigeria werden weitere Öllager vermutet. Fotos: Shell

Im Jahr 2004 sorgte die Überbewertung von Ölreserven durch einige Konzerne für viel Diskussionsstoff. Shell musste insgesamt viermal seine Reserven nach unten korrigieren. Das hatte zur Folge, dass der Vorstand seinen Hut nehmen musste und das Unternehmen neu strukturiert wurde. Insbesondere die Abwertungen der Reserven des norwegischen Gasfeldes Ormen-Lange, an dem Shell beteiligt ist, offenbarten die sehr unterschiedlichen Bewertungsverfahren der Branche. In der Folge mussten einige andere Firmen (zum Beispiel Hydro) ihren Anteil auf Druck der amerikanischen Börsenaufsichtsbehörde SEC deutlich herabsetzen. British Petrol beharrte hingegen auf der von ihr ausgewiesenen Reserve, die deutlich höher lag als die Schätzung der anderen beteiligten Unternehmen. Zugleich bot der Konzern seine Anteile an dem Gasfeld zum Verkauf an. Diese Vorfälle haben die Glaubwürdigkeit der Branche stark erschüttert.

Das jüngste Signal setzte ChevronTexaco, als das Unternehmen im Sommer 2005 eine Internetseite mit dem Titel „Will You Join Us" einrichtete. Dort gibt ChevronTexaco öffentlich zu, dass die Zeit des billigen Erdöls endgültig vorbei ist. ChevronTexaco möchte deshalb eine öffentliche Diskussion über die Zukunft der Energieversorgung beginnen. Die zentrale Botschaft aus dem Hauptquartier in Kalifornien lautet: Die Herausforderungen sind so groß, dass sie die Kräfte eines einzelnen Unternehmens oder der Branche übersteigen. Einfache Lösungen gibt es offenbar nicht.

Neue Töne kommen auch aus der Politik. Das Ansteigen des Ölpreises über die magische Marke von siebzig US-Dollar nahm der französische Premierminister Villepin im September 2005 zum Anlass, seine Mitbürger auf „die Zeit nach dem Erdöl vorzubereiten". Auch in Deutschland spielte die Energieversorgung im Bundestagswahlkampf eine wichtige Rolle.

Als der Hurrikan „Katrina" im Spätsommer 2005 weite Landstriche im Süden der USA verwüstete, fielen ein Teil der Ölförderung im Golf von Mexiko sowie mehrere Raffinerien in den US-Südstaaten aus. Dadurch drohte sich in den USA das Benzin zu verknappen. Die Organisation Erdöl exportierender Staaten (OPEC) warf eilig strategische Reserven auf den Markt, um Hamsterkäufe zu verhindern. Derartige Panikreaktionen könnten den ohnehin angespannten Ölmarkt endgültig zum Kippen bringen. Hamsterkäufe waren der unmittelbare Auslöser der Energiekrise im Jahr 1973. Mit der Freigabe der strategischen Reserven verkünde-te Claude Mandil, der Chef der Internationalen Energieagentur, im Sep-tember 2005 in Paris, dass die Welt am Beginn einer Energiekrise stehe.

Falsche Interpretationen halten sich zäh

Doch noch immer verbreiten viele Institute beruhigende Interpretatio-nen der Lage. Sie argumentieren: Die Fundamentaldaten der Energie-versorgung weisen nicht auf schrumpfende Ölreserven hin. Die Auswei-tung der Förderung habe lediglich nicht mit dem Ölhunger der asiatischen Tigerstaaten Schritt halten können. Angesichts der hohen Ölpreise werde der Markt diese Fehlentwicklung aber innerhalb weni-ger Jahre wieder korrigieren.

Diese Irrtümer halten sich bis in höchste politische Ebenen hinein: So gab das Bundeswirtschaftsministerium bei den Beratungsinstituten EWI in Köln und Prognos in Basel ein Gutachten zur Entwicklung der Energieversorgung in Auftrag. Als es im Sommer 2005 veröffentlicht wurde, fand sich darin ein Passus, wonach die Ölversorgung bis 2030 gesichert sei. Langfristig werde der Ölpreis auf 37 US-Dollar pro Barrel steigen. Im Sommer 2005 hatten die Börsen diesen Wert schon längst hinter sich gelassen. Immerhin gaben die Gutachter der Bundesregie-rung zu: Die Abhängigkeit der Energieversorgung von politisch und öko-nomisch instabilen Förder- und Transitländern wächst. Damit steigen die Versorgungsrisiken, Erdöl und Erdgas werden deutlich teurer. Damit meinten die Autoren jedoch einen Ölpreis von 37 US-Dollar pro Barrel im Jahr 2030.

Das Gutachten übernimmt im Wesentlichen ein Szenario, das die Inter-nationale Energieagentur (IEA) im Jahr zuvor veröffentlicht hatte. Auch die Pariser Experten hatten den Ölverbrauch und die Preise bis zum Jahr 2030 prognostiziert. Sie wiederum begründeten ihre Annahmen mit ei-ner Studie der amerikanischen Bundesbehörde USGS, in der die Verfüg-barkeit der Ölressourcen bis 2025 untersucht wurde. Dieser Report stammt aber aus dem Jahr 2000, seine Datenbasis reicht ins Jahr 1995 zurück. Ein ganzes Jahrzehnt der stürmischen Entwicklungen, die sich in den Preisen auf dem Energiemarkt widerspiegeln, wurde ignoriert.

Das deutsche Gutachten übersieht alle Warnungen, mit der die IEA ihre Prognose relativiert hatte. Die Experten der Internationalen Energiea-gentur hatten zum Beispiel in ihrem Bericht geschrieben: „Falls die ins-gesamt zu findende Ölmenge am unteren Ende der gegenwärtigen Ab-schätzungen liegt und das Reservewachstum langsamer als erwartet ist, dann könnte die weltweite Ölförderung innerhalb der kommenden 20 Jahre das Maximum erreichen". Die Pariser Autoren wiesen auch dar-auf hin: „Die Glaubwürdigkeit und Genauigkeit der Reserveschätzungen werden von allen im Ölgeschäft tätigen Personen zunehmend kritischer gesehen." Sie erkannten außerdem sehr richtig: „Untersuchungen anderer Organisationen ergaben sehr unterschiedliche Resultate. Die meisten davon liegen niedriger als die der jüngsten USGS-Untersuchung". Zu guter Letzt findet sich im IEA-Bericht der Hinweis, dass fast die gesamte Förderung bis zu Jahr 2030 aus noch zu erschließenden Feldern kommen müsse.

Ölplattform Andrew in der Nordsee. Foto: BP

Mangelhafte Datenbasis

Die richtige Schlussfolgerung aus diesen Unsicherheiten und Erkenntnissen zogen die Autoren allerdings nicht. Sie hätte gelautet: Die Datenbasis ist äußerst mangelhaft und unzuverlässig, so dass man nicht davon ausgehen kann, dass die Ölversorgung der kommenden zwanzig bis dreißig Jahre gesichert ist.

Nach der Analyse der IEA-Studie erkennt man, dass die Internationale Energieagentur aber genau zu dieser Schlussfolgerung gekommen ist. In der Zusammenfassung wird jedoch fast jede Unsicherheit ausgeblendet. Der eilige Leser, der nur die Kurzfassung der Studie liest, erhält dadurch den Eindruck, dass die IEA glaube, die Ölversorgung sei mindestens bis 2030 gesichert.

Die gegenseitige Abhängigkeit der Autoren verschiedener Studien ist offensichtlich: Die USGS schreibt im Auftrag der US-Regierung eine Basisstudie mit dem Ergebnis, dass man das meiste Öl noch finden werde. Die Internationale Energieagentur übernimmt diese Studie kritiklos und gründet darauf ihre optimistische Prognose, dass in den kommenden zwanzig bis dreißig Jahren keinerlei Versorgungsengpass beim Öl zu erwarten sei. Andere Studien finden dabei keine Berücksichtigung. Immerhin äußern die Autoren bei der IEA vorsichtige Zweifel, die jedoch nicht an prominenter Stelle stehen. Nationale Wirtschaftsinstitute wiederum berufen sich in ihren Prognosen nur auf die IEA-Studie – ohne kritische Analyse der zugrunde gelegten Rahmenbedingungen.

Erwähnen die originären Arbeiten noch die Unsicherheiten ihrer Prognosen, so werden diese zunehmend in den Hintergrund gedrängt und vergessen. Zurück bleibt eine Prognose der künftigen Ölversorgung, wie sie als äußerst unwahrscheinlich angesehen werden muss und die nicht durch die Ereignisse der letzten Jahre bestätigt wird. Aufgrund dieser Abhängigkeiten der Studien lohnt es, die originäre Arbeit der USGS als Ausgangspunkt der anderen Arbeiten näher zu betrachten.

Schon in der Einleitung relativieren die Autoren der USGS-Studie die Belastbarkeit der Ergebnisse, wenn sie schreiben: „...die Studie hat die Größe der Erdölfelder abgeschätzt, die zwischen 1995 und 2025 möglicherweise gefunden werden können". Diese vage Formulierung überlässt die genaue Interpretation dem Leser. Auf keinen Fall lassen sie belastbare Rückschlüsse auf das künftige Förderpotenzial zu.

In aller Kürze lässt sich das Ergebnis der USGS-Studie wie folgt zusammenfassen: Man könne außerhalb der USA bis 2025 mit 95-prozentiger Wahrscheinlichkeit noch 334 Milliarden Barrel finden. Legt man eine Wahrscheinlichkeit von fünf Prozent zugrunde, wären es 1.107 Milliarden Barrel. Daraus ergibt sich ein Mittelwert von 649 Milliarden Barrel. Zusätzlich können noch zwischen 95 Milliarden und 378 Milliarden Barrel Flüssiggase und Kondensate gefunden werden. Im Unterschied zu älteren Analysen wird noch ein neuer Faktor eingeführt, das so genannte Reservenwachstum. Dieser Faktor wurde einfach aus den Erfahrungen in den USA während der vergangenen Jahrzehnte auf die nächsten dreißig Jahre übertragen.

Allein schon an dieser Methode entzündet sich Kritik. Das Reservenwachstum der Vergangenheit beruht zum großen Teil auf der anfänglich deutlichen Unterschätzung der alten Felder. Diese waren so groß, dass man ihre Größe nicht genau erkunden musste, um eine Grundlage für die Rentabilität der Erschließung zu haben. Sie sind teilweise 100 Jahre und älter, die Methoden der Reservoirschätzungen waren damals noch sehr einfach und ungenau. Heute fällt das Reservenwachstum wesentlich geringer aus. Oft müssen die Reserven nach unten korrigiert werden, wie das jüngste Beispiel von Shell und anderen gezeigt hat.

Gesucht: 55 Milliarden Barrel pro Jahr

Ein zweiter Kritikpunkt betrifft die Tatsache, dass – für alle Fachleute bekannt – in den USA das Reservenwachstum bislang deutlich höher war als in anderen Regionen der Welt. Dies hängt vor allem mit den von der Börsenaufsichtsbehörde SEC vorgegebenen Regeln zusammen. Demnach muss die Reserve zu Beginn der Erschließung eines Feldes sehr vorsichtig bewertet werden. In der Praxis führt das fast immer zu einer Unterbewertung. Deshalb kann das für den amerikanischen Markt gültige Reservenwachstum weder auf die kommenden dreißig Jahre hochgerechnet, noch auf die ganze Welt übertragen werden.

Die USGS gibt die zu erwartenden Funde für die Periode zwischen 1995 und 2025 an. Rechnet man die Daten aus Nordamerika ein, müssten weltweit pro Jahr zwischen 16,5 Milliarden und 53 Milliarden Barrel (in Abhängigkeit von der Wahrscheinlichkeit der Funde zwischen 95 und fünf Prozent) gefunden werden – über den gesamten Zeitraum von dreißig Jahren hinweg. Als wahrscheinlichster Mittelwert wurden 31,3 Milliarden Barrel pro Jahr errechnet. Zusätzlich sollten die bekannten Felder höher bewertet werden. Insgesamt müssten also pro Jahr rund 55 Milliarden Barrel neue Reserven erschlossen werden. Nun ist der Prognosezeitraum fast zu einem Drittel verstrichen, die Angaben lassen sich gut mit der Realität vergleichen. Zwischen 1995 und 2004 sollten die Reserven um mehr als 500 Milliarden Barrel wachsen. Nimmt man die Energiestatistik von British Petrol als Basis, so betrugen die Reserven Ende 1995 etwa 1.027 Milliarden Barrel. Ende 2004 erreichten sie rund 1.189 Milliarden Barrel. Im gleichen Zeitraum wurden aber 244 Milliarden Barrel gefördert. Daher lag die Summe der Höherbewertungen und Funde bei 406 Milliarden Barrel, also etwa zwanzig Prozent unter dem erwarteten Durchschnittswert. Nach neueren Statistiken der „Association for the Study of Peak Oil" wurden in der ganzen Periode bis Ende 2004 in toto rund 88 Milliarden Barrel ausfindig gemacht, also nur knapp zehn Milliarden Barrel im Jahr. Damit liegt der von der USGS erwartete wahrscheinlichste Wert der Funde bis 2025 in weiter Ferne.

Bleibt die Frage, warum die Experten der Internationalen Energieagentur diese positive Sicht auf die Zukunft übernommen haben. Die IEA wurde ursprünglich als Frühwarnsystem der Industriestaaten gegenüber möglicher Versorgungsengpässe installiert. Damit bildet sie ein Gegengewicht zur OPEC, welche die Interessen der Ölförderstaaten vertritt. Damit aber ist sie offensichtlich starken politischen Zwängen unterworfen.

Eine ihrer Hauptaufgaben in der Vergangenheit war es, die OPEC vor möglichen Fördereinschränkungen zu warnen. Und so können die Studien der IEA als eine Aufforderung an die OPEC-Staaten verstanden werden, den westlichen Industriestaaten möglichst viel Öl verfügbar zu machen. In den vergangenen Jahren konnte man die Botschaft meist auf die einfache Aussage reduzieren: Im Rest der Welt gibt es noch so viel Öl, wenn ihr (=OPEC) das Öl zu teuer macht, dann werden wir (=die westlichen Industriestaaten) dieses Öl suchen und holen, und die OPEC wird auf dem teuren Öl sitzen bleiben. Seit ein paar Jahren ist diese Argumentationslinie jedoch nicht mehr aufrechtzuerhalten. Daher hat sich in den letzten Berichten der Fokus geändert. In der jüngsten IEA-Studie wird viel Papier darauf verwendet, der OPEC vorzurechnen, dass sie dann am meisten Geld einnehmen würde, wenn sie viel Geld in eine Ausweitung ihrer Förderkapazitäten investiert und den Industriestaaten zusätzliches Öl zur Verfügung stellt. Sollte das nicht der Fall sein, dann würde das Öl zwar teurer werden, aber der Verbrauch würde zurückgehen, so dass in Summe die OPEC-Staaten weniger Devisen einnehmen würden. Zugespitzt kann man die Aufgabe der IEA auf folgende Formel reduzieren: Wenn es gelingt, durch Rhetorik den Ölpreis um einen Dollar zu reduzieren, dann spart die amerikanische Volkswirtschaft jeden Tag etwa zwölf Millionen Dollar, die nicht für Ölimporte ausgegeben werden müssen. Eine zweite und vielleicht weit reichendere Aufgabe der IEA scheint es zu sein, die Interessen der am Status Quo der Energieversorgung interessierten Kreise zu vertreten. Allein daraus lässt sich das Beharren an einer möglichst langen Fortführung der bestehenden Strukturen verstehen.

Wasser in der Ölblase

Um möglichst viel Erdöl zu fördern, wird Wasser unter die Ölblase gepumpt. Wenn das Fördermaximum überschritten ist, geht die Ausbeute schneller zurück als bei konventioneller Förderung ohne Wasserdruck und Horizontalbohrung.

Bohrloch mit Wasserzufuhr

Öl-Gas-Gemisch

Gas

Öl

Wasser

Wasser

Frühe Förderphase mit hohem Erdöldruck

Spätere Förderphase mit rückläufigem Erdöldruck

Quelle: Simmons & Company International

Grafik: Solarpraxis AG

Jedes Ölfeld wird einmal alt

Die Ausbeutung eines Ölfeldes erfolgt nicht gleichmäßig. Zu Beginn seiner Erschließung werden nur wenige Bohrungen eingebracht, so genannte Fördersonden. Der Druck in der unterirdischen Lagerstätte bestimmt die Förderrate. Je mehr Sonden die Förderung aufnehmen, umso stärker steigt die Förderrate an. Etwa nachdem die Hälfte des förderbaren Inhalts entnommen wurde, sinkt die Förderrate kontinuierlich ab: Einerseits verringert sich der Druck in der Lagerstätte, andererseits steigt der Wasserspiegel unter dem Ölfeld. Die Zähigkeit des Rohöls führt bei abnehmendem Druck dazu, dass sich der Förderstrom aus dem Bohrloch verringert. Immer größere Teile des ölhaltigen Gesteins in der Lagerstätte versinken im steigenden Wasser.

In der Frühphase der Förderung werden zunächst die größten Felder einer Region angeschlossen. Sie zeigen auch die höchsten Förderraten. Sobald diese Felder ihr Fördermaximum überschritten haben, wird eine weitere Ausweitung der Förderung in der Region schwieriger. Zunehmend müssen neue Felder in die Produktion gebracht werden. Sie sind jedoch meist kleiner, so dass sie schneller an ihr Fördermaximum gelangen und anschließend den Förderrückgang aller Felder in einer Region verstärken. Damit erschweren sich die Förderbedingungen stetig: Anfangs kann die Förderung sehr schnell steigen. Mit fortschreitender Erschöpfung der großen Felder steigt aber der Aufwand. Sobald nicht mehr genügend große Felder verfügbar sind, lässt sich der Förderrückgang kaum noch kompensieren. Die Ölquellen versiegen, die gesamte Förderung der Region geht zurück.

Öltanks der Firma Chevron an der Mündung des Mississippi zum Golf von Mexiko: Der Hurrikan „Katrina" deckte die Dächer ab, fast eine Million Gallonen Erdöl gelangten in die Umwelt. Foto: Christian Aslund/Greenpeace

In den USA war das Fördermaximum im Jahr 1970 erreicht. Seit dieser Zeit geht die Förderung jährlich um zwei bis drei Prozent zurück. Das in Alaska 1968 entdeckte Ölfeld Prudhoe Bay ist mit etwa 15 Milliarden Barrel die größte Lagerstätte der Vereinigten Staaten. Es wurde ab 1975 ausgebeutet und konnte den Rückgang der amerikanischen Förderung um einige Jahre aufhalten. 1989 erreichte Prudhoe Bay das Fördermaximum, seitdem sinkt die Ölausbeute um jährlich rund fünf Prozent. Heute sind die Glanzzeiten längst Geschichte, die Förderrate beträgt nur noch etwa ein Fünftel des Maximums aus dem Jahr 1989.

Eine ähnliche Entwicklung zeigen die Lagerstätten im Golf von Mexiko: Dort begann man vor fünfzig Jahren mit der Suche nach dem schwarzen Gold, zunächst in flachen Küstengestaden, später dann in 200 Metern Wassertiefe und mehr. Bis heute wurden im Flachwasser etwa zwölf Milliarden Barrel gefunden, in den tieferen Arealen zwischen fünf und sechs Milliarden Barrel. Seit 1999 ist die Förderung im Flachwasser rückläufig, nur in Tiefen über 200 Metern konnte sie auf mehr als eine Million Barrel am Tag ausgeweitet werden.

Der Golf von Mexiko liegt im Einzugsbereich von Hurrikanen, entsprechend gefährdet ist die Infrastruktur der Förderanlagen, Pipelines und Raffinerien. Der Sturm Katrina legte im August 2005 etwa neunzig Prozent der Öl- und Gasförderung im Golf lahm. Damit wurde die Ölproduktion der USA zeitweise um ein Fünftel reduziert. Die beschädigten Pipelines und Bohrplattformen zu reparieren kostet Geld und vor allem Zeit. Fachleute schätzen deshalb, dass die Maximalkapazität der Region um etwa 300.000 Barrel am Tag niedriger als geplant ausfallen wird. Damit wird die Ölförderung dort unrentabler. Mitte April 2005 kündigte das Unternehmen Forrest Oil an, sich aus der Erschließung der Öl- und Gasfelder im Golf von Mexiko zurückzuziehen. Da der Ölbedarf der USA nach den Verwerfungen der 70er-Jahre wieder wuchs, mussten die USA zunehmend mehr Öl importieren. Die Importrate hat sich von etwa dreißig Prozent im Jahr 1985 inzwischen auf über sechzig Prozent verdoppelt.

Auch Europa bleibt von diesen Trends nicht verschont. So wurde die Nordsee nach der ersten Ölpreiskrise 1973 erschlossen. Die gestiegenen Preise machten damals die höheren Förderkosten in diesem unwirtlichen Randmeer des Nordatlantik wett. 1999 erreichte Großbritannien das Fördermaximum in seinen Lagerstätten, seitdem sinkt die Ausbeute um fünf bis sechs Prozent im Jahr. Heute bringen die britischen Nordseefelder nur noch vierzig Prozent. Norwegen konnte die Förderung etwas länger ausweiten. Doch im Jahr 2001 war auch hier der Zenit überschritten und der unaufhaltsame Rückgang begann.

Genau in diese Zeit fielen die ersten Erschütterungen auf den internationalen Ölmärkten. Aufgrund der Wirtschaftskrise in Japan war der Ölpreis 1999 auf einen Tiefststand von zehn US-Dollar pro Barrel gefallen. Aber seitdem geht es nur noch aufwärts: Im Herbst 2000 wurden bereits 37 US-Dollar fällig. Im September 2005 kostete das Barrel Rohöl zwischen 65 und siebzig US-Dollar. Diese Entwicklung lässt sich nur durch die schwieriger werdenden Förderbedingungen und die steigende Nachfrage erklären. China, Indien, Brasilien und andere so genannte Schwellenländer haben eine wirtschaftliche Aufholjagd begonnen, ihre Volkswirtschaften wachsen teilweise im zweistelligen Bereich. Diese Länder machen ein Drittel bis zur Hälfte der Weltbevölkerung aus. Mit dem Erwachen wächst auch der Hunger nach Energie.

Wie bereits erwähnt, befinden sich die meisten der klassischen Ölförderregionen bereits jenseits des Fördermaximums. Nur noch wenige Regionen können die Förderkapazität noch ausweiten. Dazu zählen die Anrainer des Golfs von Mexiko, Brasilien, Angola und China. Mexiko hat im Jahr 2004 den Förderhöhepunkt überschritten. Das ist bedeutsam, da es nach Kanada für die USA das zweitwichtigste Ölexportland ist, mit täglich etwa 1,6 Millionen Barrel. Fast zwei Drittel der mexikanischen Förderung stammen aus einem Ölfeld, Cantarell, das mit 15 Milliarden Barrel zu den größten Lagerstätten der Welt zählt. Die Förderung dort erfordert einen enormem Aufwand. Im Jahr 2000 wurde in Cantarell die weltgrößte Stickstoffproduktion in Betrieb genommen. Der Stickstoff wird in die Lagerstätte eingepresst, um den Druck und damit die Förderrate zu erhöhen. In der Zwischenzeit wurde eine zweite Anlage bestellt, da der Förderdruck ständig weiter sinkt. Seit vergangenem Jahr geht trotz aller Anstrengungen die Förderrate in Cantarell zurück. Damit hat Mexiko die Seiten gewechselt und gehört jetzt ebenfalls dem „Club der Staaten nach dem Fördermaximum" an. Auch Petrobras in Brasilien erschließt neue Felder langsamer als erhofft. Immer wieder muss das Unternehmen teure und zeitraubende Rückschläge hinnehmen. So versank im Jahr 2002 über dem Feld Roncador die damals weltgrößte Ölplattform in der Tiefsee. Die brasilianische Ölförderung lässt sich nach Expertenschätzung noch etwa um eine halbe Million Barrel pro Tag ausweiten.

Beredtes Schweigen der Saudis

Als Hoffnungsträger bleiben die Anrainerstaaten des Arabischen Golfs und einige Länder der ehemaligen Sowjetunion. Doch auch dort macht sich Ernüchterung breit, denn die Potenziale zur Ausweitung der Förderung sind bei weitem nicht so groß, wie man lange glaubte. Im Wüstenstaat Oman war im Jahr 2001 das Fördermaximum erreicht. Wichtigste Ursache war der Rückgang der Förderung im größten Ölfeld des Landes, Yibal. Das Yibal-Feld wurde mit modernen Methoden erschlossen, etwa Horizontalbohrungen. Um den Druck in der Ölblase möglichst hoch zu halten, wurde von Anfang an Wasser eingepresst. Dadurch wurde die Förderrate zwar schnell nach oben getrieben. Doch diese aggressive Ausbeutung hat die Lagerstätte derart geschädigt, dass die Förderung schneller und stärker als erwartet einbrach. Immer mehr Fördersonden ziehen Wasser statt Öl, Teile des Ölfeldes sind von der weiteren Förderung abgetrennt. Innerhalb von vier Jahren brach die Förderrate regelrecht ein – um mehr als sechzig Prozent.

Saudi-Arabien hütet die Details seiner Ölindustrie als Staatsgeheimnis. Matthew R. Simmons, ein amerikanischer Investmentbanker, hat mehrere Jahre lang die saudi-arabische Ölförderung analysiert. Er wertete die Vorträge der saudischen Ölingenieure auf Fachkonferenzen, persönliche Gespräche und mehrere persönliche Reisen in die Region aus. In detektivischer Kleinarbeit versuchte er, ein Bild der Produktionsbedingungen zu zeichnen. Nach seinen Erkenntnissen werden die großen alten Felder in Saudi-Arabien in ähnlicher Weise wie das Feld Yibal in Oman bewirtschaftet. Von Anfang an wurde Wasser eingepresst, um die Förderung möglichst schnell ausweiten zu können. Damit aber drohen vergleichbare Probleme. Das Fazit von Simmons lautet, dass auch die Förderung in Saudi-Arabien in naher Zukunft zurückgehen oder sogar einbrechen werde. Dem weltgrößten Feld Ghawar kommt dabei eine Schlüsselrolle zu, denn es trägt mit 4,5 bis fünf Millionen Barrel am Tag entscheidend zur Gesamtproduktion der Saudis bei. Simmons vermutet, dass Ghawar schon Ende 2004 sein Fördermaximum erreicht hatte. Wenn aber Ghawar den Peak Oil überschreitet, dann, so schlussfolgert er, sei auch der Peak Oil der Weltölförderung erreicht. Nach seiner Einschätzung sind die offiziell ausgewiesenen Reserven des Landes zudem deutlich übertrieben. Saudi Aramco gibt seine Reserven mit etwa 260 Milliarden Barrel an. Simmons, aber auch andere Beobachter, halten 175 Milliarden Barrel für wahrscheinlich.

Auch Russland und Kasachstan haben in den letzten Jahren ihre Förderung um fünf bis zehn Prozent im Jahr ausgeweitet. Tatsächlich lagen viele Ölfelder nach dem Zusammenbruch der Sowjetunion aus Kostengründen ungenutzt. Dieser Investitionsstau wurde etwa 1995 aufgelöst, nachdem mit westlichem Kapital diese Felder schnell erschlossen wurden. Doch die Phase der einfachen Neuerschließungen ist nun zu Ende: Im Jahr 2005 stagnierte die russische Ölförderung. Vermutlich noch vor dem Jahr 2010 wird sie endgültig zurückgehen. Auch am Kaspischen Meer gibt es einige große Lagerstätten. Inzwischen wurde jedoch klar, dass die Ölqualität schlecht, die technischen Schwierigkeiten der Förderung groß und die politischen Verhältnisse unsicher sind.

Anlage zur Aufbereitung von Teersanden am kanadischen Muskeg-Fluss. Schwere Trucks bringen das ölhaltige Gestein rund um die Uhr zur Veredelung. Fotos: Shell

So weckte im Jahr 2000 das im Norden des Kaspischen Meeres neu entdeckte Feld Kashagan große Erwartungen. Darin werden rund zehn Milliarden Barrel Rohöl vermutet. Das Öl hat aber einen hohen Schwefelanteil, die Lagerstätte ist sehr tief, der Druck in ihrem Innern erreicht um die eintausend bar – so hoch wie nirgends auf der Welt. Die Erschließung erweist sich als außerordentlich kompliziert. Hinzu kommt die Begehrlichkeit der kasachischen Regierung, die möglichst schnell von den unverhofften Einnahmen profitieren will. Die Firmen haben die Bohrungen ständig verzögert, weil diese teuer sind, der Staat möchte die Firmen zwingen, die Erschließung voranzutreiben, weil er sich große Einnahmen verspricht. Die mit jeweils 16,5 Prozent beteiligten Ölkonzerne Statoil und British Petrol haben ihre Anteile abgestoßen. Heute fällt Eni, früher der kleinste Partner des Konsortiums, die Projektleitung bei der Erschließung zu.

Neben den Regionen mit konventionellen Ölvorkommen richtet sich das Augenmerk verstärkt auf nichtkonventionelle Öle. Dazu gehören beispielsweise die Teersande im Athabaska-Becken in Westkanada. Teersande sind zähe, dem Bitumen ähnliche Schweröle, die mit Sand vermischt sind. Sie wurden während ihrer Entstehung aus organischer Materie nicht von einer ausreichenden Deckschicht abgedeckt, ihre Umwandlung in klassisches Erdöl blieb also auf halbem Wege stecken. Sie sind zäh und feinverteilt im Muttergestein. Heute finden sich die günstigsten Teersandvorkommen unter Deckschichten von mehreren hundert Metern. Der Großteil der Vorkommen befindet sich jedoch wesentlich tiefer. In den Teersanden erreicht das Öl eine Konzentration von bis zu zwanzig Prozent. Die Teersande werden teilweise im offenen Tagebau ausgebeutet. Um den Sand aus dem Bitumen zu waschen, ist sehr viel Wasser notwendig. Anschließend muss das Schweröl von Schadstoffen wie Schwefel gereinigt und zu synthetischem Rohöl aufbereitet werden. Das kostet wiederum sehr viel Energie, denn der Schwefel wird mit Hilfe von Wasserstoff chemisch hydriert. Um Wasserstoff in ausreichendem Maße herzustellen, braucht man sehr viel Erdgas – etwa 15 bis dreißig Kubikmeter für jedes Barrel synthetischen Öls. Bei einem durchschnittlichen Schwefelgehalt von drei Prozent müssen bereits heute etwa 3.000 Tonnen Schwefel täglich abgetrennt und gelagert werden. Die nordamerikanische Erdgasproduktion, die ihren Höhepunkt ohnehin überschritten hat, muss nun neue Großverbraucher beliefern. Angesichts der erforderlichen Investitionen in Milliardenhöhe muss man einen Vorlauf von fast zehn Jahren einkalkulieren, bis sich eine Lagerstätte mit Ölsanden ausbeuten lässt. Es ist absehbar, dass die Ölsande und andere nichtkonventionelle Öle den Rückgang der globalen Erdölproduktion nicht kompensieren können. Wenn die Ölförderung bis 2015 konstant bleiben soll, dann müssten die Nachfolgestaaten der ehemaligen Sowjetunion und die OPEC ihre Förderung sehr stark ausweiten. Sehr viel wahrscheinlicher ist jedoch, dass auch die OPEC am Maximum angelangt ist. Bald wird auch dort die Förderung sinken.

Bei den vorausgehenden Betrachtungen wurde nicht berücksichtigt, wie sich die Lage im Irak entwickelt. Aus heutiger Sicht kann nicht davon ausgegangen werden, dass sich viele Firmen engagieren werden, die Risiken sind auf absehbare Zeit zu groß. Iran ist eines der wichtigsten Erdölförderländer. Doch auch dort kann die Förderung kaum noch ausgeweitet werden. Darüber hinaus ist die politische Konstellation sehr schwierig. So könnten im jüngsten Streit um das Atomprogramm auch die Erdölexporte als Druckmittel eingesetzt werden. Das könnte in dem angespannten Weltmarkt schnell zu einer Versorgungskrise führen.

Auch Erdgas nähert sich der Sättigung

Heute verbraucht die Welt etwa halb so viel Erdgas wie Erdöl. Sollte Erdgas die Anwendungen von Erdöl vollständig ersetzen, müsste sich die Förderung in den kommenden Jahren deutlich erhöhen. Doch auch beim Erdgas dürfte das globale Fördermaximum in etwa zwanzig Jahren erreicht sein. Wird die Ausbeutung der Gasfelder schneller ausgeweitet, würde dieser Zeitpunkt entsprechend früher erreicht. Unabhängig davon dominieren beim Erdgas regionale Märkte, die mit den Fördergebieten über Pipelines verbunden sind. Ansonsten sind sie voneinander weitgehend unabhängig. In Nordamerika, dem heute größten Binnenmarkt, ist das Fördermaximum bereits überschritten. Die Verfügbarkeit von Erdgas nimmt ab. Auch in Europa wird die Ausweitung des Verbrauchs zunehmend schwieriger.

Das Maximum der weltweiten jährlichen Erdgasfunde wurde um das Jahr 1970 erreicht, etwa fünf bis zehn Jahre später als beim Öl. Seit dem Jahr 2000 ist die jährliche Gasfördermenge höher als die Neufunde.

Die nachlassenden Funde lassen erwarten, dass die Neufunde sich bei insgesamt etwa 325.000 Milliarden Kubikmetern der Sättigung nähern. Von den bekannten Gasreserven wurde bis heute erst ein wesentlich kleinerer Anteil erschlossen als bei den Ölreserven. Daher liegt der Zeitpunkt des weltweiten Fördermaximums noch etwas weiter entfernt. Vermutlich wird die Hälfte des Erdgases bis 2025 verbraucht wird. Dann dürfte auch das Fördermaximum erreicht sein. Diesem Szenario wurde zugrunde gelegt, dass der Erdgasverbrauch im Jahr 2010 etwa 1,9 Prozent erreicht und danach mit jedem Jahr etwas geringer ausfällt. Sollten die Zuwächse darüber liegen, würden die Gasvorräte natürlich schneller aufgebraucht und das Fördermaximum entsprechend früher erreicht. Die Hochrechnung unterstellt zudem, dass ein Viertel der heute bekannten Gasreserven bis dahin nochmals neu gefunden wird. Nicht berücksichtigt ist, dass viele Erdgasfelder weitab von den Verbrauchern liegen. Sie werden wegen der fehlenden Förderanlagen und Pipelines bislang nicht ausgebeutet. Dies könnte sich jedoch bei höheren Gaspreisen ändern. Verflüssigtes Erdgas oder die Umwandlung zu flüssigem synthetischem Kraftstoff bieten die Umwandlung in einen leicht transportierbaren Kraftstoff und damit eine Möglichkeit für deren Erschließung. Allerdings gehen dabei etwa zwanzig bis fünfzig Prozent des Erdgases verloren, die nutzbaren Reserven würden sich entsprechend reduzieren.

Bohrturm zur Erdgaserkundung in den Weiten Sibiriens. Die deutsche Verbundnetz Gas AG bezieht rund die Hälfte ihres Erdgases aus Russland. Foto: VNG – Verbundnetz Gas AG

Erdgas verhält sich aufgrund seiner physikalischen Eigenschaften anders als Erdöl. Bei normaler Temperatur ist es gasförmig und wird erst bei minus 160 Grad Celsius flüssig. Daher wird es am günstigsten in Pipelines transportiert. Anders als beim Erdöl können regionale Ungleichgewichte nur sehr schwer ausgeglichen werden, denn die Reichweite der Pipelines begrenzt die Regionalmärkte. Bei zu großen Entfernungen wird es günstiger, Erdgas zu verflüssigen und per Schiff zu transportieren. Heute werden nur etwa sieben Prozent des Erdgases auf der Welt als Flüssigerdgas gehandelt.

Nachfolgend sollen die Gasmärkte in Nordamerika und Europa betrachtet werden. Beide fördern zusammen etwa 45 Prozent des weltweit gehandelten Erdgases, verbrauchen aber etwa 55 Prozent. In beiden Märkten ist die Versorgungslage inzwischen schwieriger als noch vor wenigen Jahren. Mehrere Gründe sprechen dafür, beim Erdgas vorsichtig zu sein.

Die Gaskrise in den USA

In den USA war das Fördermaximum bei Erdgas schon 1970 erreicht. Danach ging die Förderrate bis Mitte der 80er-Jahre zurück. Auch eine intensivere Erschließung konnte diesen Abwärtstrend nur kurzzeitig aufhalten. Die Förderung erreichte nicht mehr das Niveau von 1970. Um die Nachfrage zu decken, mussten die USA beim Nachbarn Kanada Erdgas einkaufen. Seit dem Jahr 2001 geht die US-amerikanische Förderung deutlich zurück. Wie die Analyse der einzelnen Gasfelder zeigt, ist der Rückgang so groß, dass ihn die jährlich neu angeschlossenen Felder nicht mehr ausgleichen können. Da auch in Kanada die Förderung nachlässt, hat das Erdgas in den USA seinen Höhepunkt überschritten.

Der Gasverbrauch weist starke saisonale Schwankungen auf. Das Verbrauchsmaximum liegt im Winter, da Haushalte und Industrie das Erdgas vor allem zum Heizen benötigen. Der Gasverbrauch zur Stromerzeugung erreicht dagegen im Sommer seinen Höhepunkt, wenn die Klimaanlagen den Strom aus dem Netz saugen. In den Sommermonaten wird etwa vierzig Prozent weniger Erdgas verbraucht als im Winter.

Da die Gasförderung relativ unabhängig von den Jahreszeiten läuft, müssen große Speicher die schwankende Nachfrage ausgleichen. Sind die Speicher gut gefüllt, können die Amerikaner dem Winter entspannt entgegensehen. Der Gaspreis an der Rohstoffbörse reagiert sofort auf die wöchentlichen Veröffentlichungen des aktuellen Füllstandes der Speicher: Wird im Sommer mehr als erwartet eingelagert, sinkt der Preis. Wird im Winter mehr als erwartet entnommen, dann steigt er wieder.

Im langjährigen Mittel lag in den USA der an der Börse notierte Gaspreis zwischen einem und zwei US-Dollar für ein Gasäquivalent, eintausend British Thermal Units (MMBTU). Umgerechnet sind das 3,7 und 7,3 Cent pro Kubikmeter. Im Sommer 2003 sagte die amerikanischen Energiebehörde voraus, dass die Gaspreise bis 2025 um fünfzig Prozent steigen. Probleme bei der Versorgung seien nicht zu erwarten. Doch bereits im Dezember 2000 hatte sich der Gaspreis auf über zehn US-Dollar pro MMBTU verfünffacht. An der Spotbörse wurde Gas sogar bis zu sechzig US-Dollar gehandelt. Der Grund waren Engpässe in der Versorgung, denn durch viele neue Gaskraftwerke war der Gasbedarf zur Stromproduktion in die Höhe geschnellt. Der steigende Ölpreis ließ viele Verbraucher auf Erdgas umsteigen, was die Versorgung zusätzlich belastete. Hinzu kam, dass die Förderung in großen Gasfeldern rückläufig war und durch neue Ressourcen nicht aufgefangen werden konnte. Der plötzliche Engpass in der Gasversorgung hatte erhebliche Auswirkungen: Betriebe mit hohem Gasverbrauch mussten Konkurs anmelden, darunter viele Gärtnereien. Die Erdgas verbrauchende Industrie verkaufte das am Terminmarkt im Sommer billig eingekaufte Erdgas direkt weiter an andere Kunden, statt es für ihre eigene Warenproduktion zu verwenden. Die Verlockung war einfach zu groß, denn die Gewinne aus den Erdgasverkäufen überstiegen die Einnahmen aus dem eigenen Kerngeschäft beträchtlich. Große Gasverbraucher verließen das Land, um die Produktion von Methanol oder Ammoniak andernorts aufzubauen. Die unerwartete Kombination von hohen Erdgas- und Erdölpreisen trug dazu bei, die amerikanische Wirtschaft zu schwächen – mit der Folge, dass auch Europa in den Sog der aufziehenden Wirtschaftskrise geriet. Seit dieser Zeit ist der Gaspreis nicht mehr zurückgegangen. Er hat sich bei sechs bis acht US-Dollar je MMBTU eingependelt, mit winterlichen Spitzenwerten über zehn Dollar. Anfang Oktober 2005 kam erneut Unruhe auf: Der Gaspreis erreichte mehr als 15 Dollar pro MMBTU, also 45 Cent je Kubikmeter. Anfang 2006 liegt er immer noch bei sieben bis acht Dollar.

In den kommenden Jahren wird die Gasförderung in Nordamerika weiter zurückgehen. Auch in Kanada nimmt die Nachfrage jedoch zu, vor allem um Ölsande aufzubereiten. Deshalb wird es seine Gasexporte mittelfristig einschränken. Zwar werden derzeit viele Terminals für die Anlandung von Flüssigerdgas geplant. Doch bis sie fertig sind, werden einige Jahre vergehen. Viele dieser Terminals werden auch auf den Widerstand der lokalen Bevölkerung stoßen. Die Vereinigten Staaten kommen wohl nicht umhin, ihren Gasverbrauch deutlich zu reduzieren. Beinahe unbemerkt bahnt sich hier eine Energiekrise an, mit tief greifenden Folgen für die amerikanische Wirtschaft und darüber hinaus.

Großbritannien in Schwierigkeiten

Gegenwärtig herrscht in Europa die Meinung vor, dass die Erdgasversorgung des Kontinents auf Jahrzehnte hinaus gesichert sei. Möglicherweise wird diese Einschätzung schon bald erschüttert. So bezieht beispielsweise Großbritannien einen wesentlichen Teil seiner wirtschaftlichen Stärke aus der Förderung und dem Export von Erdöl und Erdgas. Einen ersten Einbruch erlebte dieser Wirtschaftszweig, als das Land im September 2003 erstmals Erdöl importieren musste, mit allen negativen Folgen für die Handelsbilanz. Bereits in wenigen Jahren wird das Vereinigte Königreich den kostbaren Rohstoff dauerhaft auf dem Weltmarkt zukaufen müssen. In der Gasversorgung zeichnet sich ein ähnliches Bild ab. Seit dem Jahr 2000 sank die gesamte britische Gasförderung bereits um fast zwanzig Prozent. Da kaum noch neue Gasvorkommen gefunden werden, wird sich die Förderung bis 2010 im Vergleich zu 2000 nahezu halbieren. Wenn keine neuen Felder gefunden werden, wird Großbritannien bis 2015 nur noch ein Viertel der Gasmenge des Jahres 2000 aus der Erde holen.

Eine große Hoffnung setzen die Briten auf Importe aus dem norwegischen Gasfeld Ormen-Lange, das mit Großbritannien über eine Pipeline verbunden werden soll. Die vollständige Erschließung wird jedoch mindestens bis zum Jahr 2007 dauern, vermutlich noch länger. Allzu großer Optimismus könnte sich als fatal erweisen, denn die an der Erschließung beteiligten Unternehmen haben die in Ormen-Lange vermuteten Reserven mehrfach nach unten korrigieren müssen. Großbritannien ist mit dem europäischen Festland über die Gasleitung Interconnector verbunden. Sie wurde vor wenigen Jahren in Betrieb genommen und sollte ursprünglich dazu dienen, britische Gasexporte nach Zentraleuropa zu leiten. Nun hoffen die Briten darauf, dass ihnen Interconnector russische Gasimporte an die Küste bringt. Die Kapazität dieser Leitung ist jedoch sehr begrenzt.

Britisches Transportschiff für tief gekühltes, verflüssigtes Erdgas (LNG). Foto: BP

Daher beruht die wesentliche Hoffnung der Briten auf einem schnellen Aufbau der Infrastruktur für Importe von flüssigem Erdgas. Zudem sind enorme Investitionen notwendig, um saisonale Gasspeicher zu errichten. Im Unterschied zu den USA und den meisten anderen Ländern hat Großbritannien bisher keine Speicherinfrastruktur aufgebaut. Es war billiger, die Förderung der heimischen Gasfelder dem saisonalen Bedarf entsprechend zu regulieren. Der Ausfall des größten und wichtigsten Speichers führte von einem Tag zum anderen zu einer Verdreifachung des Erdgaspreises. Lange und kalte Winter könnten den Briten schon bald erhebliche Versorgungsprobleme bescheren. Ob sie diese Situation in den nächsten Jahren besser beherrschen oder sich die Engpässe weiter verschärfen, wird vor allem davon abhängen, wie schnell die Importe ins Land kommen und die Zwischenspeicher stehen.

Die Öl- und Gasversorgung von Großbritannien ist ein warnendes Beispiel dafür, dass die Energieversorgung Europas nur scheinbar stabil ist. Die Gasförderung der größten Förderstaaten Großbritannien und Holland geht zurück. Sie wird bis 2020 auf weniger als die Hälfte der heutigen Produktion fallen.

Innerhalb Europas kann nur Norwegen seine Gasförderung deutlich ausweiten. Vor wenigen Jahren wurde geschätzt, dass die norwegischen Reserven rund sechzig Jahre reichen. Die stark angestiegene Förderung ließ diese Prognose bereits auf etwa dreißig Jahre schrumpfen. Die Förderung wird dennoch weiter erhöht, so dass die Gasförderung vermutlich in zehn bis zwanzig Jahren ihr Maximum erreichen und anschließend zurückgehen wird. Wächst der Erdgashunger Europas weiter an, wird es bis 2020 doppelt so viel Erdgas aus Russland, Nordafrika oder entfernteren Gebieten als Flüssiggas beziehen müssen als heute. Das bedeutet, dass die Pipelines und Terminals für Gasimporte um Kapazitäten von 150 bis 200 Milliarden Kubikmeter erweitert werden müssen – innerhalb der nächsten 15 Jahre. Die 2006 beschlossene Ostseeleitung nach Russland wird bis 2010 etwa 28 Milliarden Kubikmeter mehr Erdgas nach Europa bringen. In den nächsten fünf Jahren wird aber die fünffache Kapazität zusätzlich benötigt.

Es ist hilfreich, einen Blick auf eine Prognose der Association for the Study of Peak Oil zu werfen. Sie schätzt die weltweite Öl- und Gasförderung bis zum Jahr 2050. Bis dahin werden etwa dreißig bis vierzig Prozent weniger Erdöl und Erdgas verfügbar sein als heute.

Die Krise zwingt zum Handeln

Zurückgehende Fördermengen bei Öl und Gas werden die Welt stark verändern, lange bevor der letzte Tropfen Öl verbraucht sein wird. Diese Uhr tickt bereits. Der Zeitpunkt des Peak Oil wird in alle Lebensbereiche eingreifen. Dass die Welt jedes Jahr statt mit etwas mehr Öl mit etwas weniger Öl auskommen muss, wird sich zunächst in den Preisen widerspiegeln. Sie werden so lange steigen, bis Angebot und Nachfrage wieder im Gleichgewicht sind. Ein Gleichgewicht bei niedrigerem weltweitem Verbrauch kann nur heißen, dass einige der bisherigen Nutzungen ökonomisch nicht mehr möglich sind und deswegen wegfallen. Weltweit wird das dazu führen, dass insbesondere die ärmeren Länder ihren Ölverbrauch reduzieren müssen. Ihnen geht das Geld für teure Importe eher aus als den reichen Nationen. Dieser Prozess lässt sich schon heute beobachten. Aber auch in den industrialisierten Ländern muss der Ölverbrauch sinken. Besonders betroffen wird der Verkehrssektor sein. Kraftstoffe werden zu über neunzig Prozent aus Erdöl hergestellt. Aus dem Heizungssektor wird Erdöl zunehmend verschwinden.

Viele Beobachter gehen davon aus, dass der Markt eine handfeste Versorgungskrise verhindert, weil die steigenden Ölpreise die notwendigen Veränderungen einleiten, etwa die Erschließung nicht konventioneller Ölvorkommen, regenerative Energien oder Investitionen in Energieeinsparung. Dabei wird jedoch unterstellt, dass qualitativ vergleichbare Alternativen zum Erdöl existieren, die bedarfsgerecht und zeitgerecht realisiert werden können.

Es ist aber nicht wahrscheinlich, dass der Übergang in die postfossile Energieerzeugung harmonisch und reibungslos abläuft. Ein ähnlich gut verfügbarer Energieträger wie das Erdöl ist nicht in Sicht. Wir haben uns in der Vergangenheit daran gewöhnt, den Übergang zu immer effizienteren und bequemeren Energieträgern als vorgezeichneten und unumkehrbaren Weg des Fortschrittes zu sehen: von der Verbrennung von Holz über die Nutzung der Kohle hin zu Erdöl und Erdgas. Es gibt aber keinen Ersatz für Erdöl, der ähnlich attraktive Eigenschaften hat. Die Vorstellung, dass der Markt plötzlich Alternativen hervorbringt, die mindestens gleichwertig oder gar besser sind, ist unbegründet.

Ein ebenso großes Problem stellen die Zeiträume der notwendigen Umstrukturierungen dar. Keiner weiß, wie schnell die Förderung zurückgehen wird. Sind es zwei, vier oder gar zehn Prozent pro Jahr? Der gegenwärtige Rückgang der Ölförderung in der britischen Nordsee liegt zum Beispiel bei eher zehn Prozent pro Jahr. Schon der durchschnittliche Rückgang um fünf Prozent würde dazu führen, dass sich innerhalb von 13 Jahren die jährlich verfügbare Ölmenge halbiert. Diese Spanne entspricht der Lebensdauer eines Autos. Allein die Umstellung der Kraftfahrzeuge auf sparsamere Antriebe durch Ersatzbeschaffung neuer Autos würde sehr viel mehr Zeit erfordern. Bleibt nur der Ausweg, weniger zu fahren. Daraus lässt sich ableiten, dass die Autoindustrie schon bald in eine tiefe Strukturkrise geraten wird. Die gegenwärtige Modellpalette ist völlig ungeeignet für eine Zukunft mit teureren Kraftstoffen. Die Anpassungsprozesse in der Industrie brauchen jedoch so viel Zeit, dass wahrscheinlich nur wenige Unternehmen diese Krise halbwegs unbeschadet überstehen. Allein die Probleme der Automobilindustrie dürfte sich auf viele andere Branchen auswirken.

Alternative Energiequellen werden vermutlich nicht in so kurzer Zeit im erforderlichen Ausmaß erschlossen. Das heißt, es wird tief greifende und lange andauernde wirtschaftliche Verwerfungen geben, die zu großen sozialen Spannungen führen. Es ist zu befürchten, dass dieser Übergang zumindest kurzzeitig eher chaotisch als harmonisch verlaufen wird.

Die Grenze des Wachstums ist erreicht

Die Menschheit wird künftig einen anderen Lebensstil finden müssen. Energie wird ökonomisch gesehen einen sehr viel höheren Stellenwert erhalten. Aus der Tatsache, dass die Energiekosten in Deutschland nur ca. zwei Prozent zum Bruttosozialprodukt beitragen, schließen viele Ökonomen, dass die Energiefrage für die Volkswirtschaft von untergeordneter Bedeutung ist. Das wird sich ändern, wenn sich Energie verteuert. Denn die übrigen 98 Prozent der Volkswirtschaft sind samt und sonders auf Energie angewiesen. Reduzierter Verkehr bedeutet auch, dass sich die Warenströme verringern. Regionale Wirtschaftsbeziehungen werden an Bedeutung gewinnen, globale Netzwerke hingegen abnehmen.

Die Grenzen des Wachstums sind bald erreicht. Die Menschen werden Wege finden müssen, ihre wirtschaftliche Tätigkeit und den sozialen Ausgleich ohne materielles Wachstum zu organisieren. Auf diese Aufgabe ist niemand vorbereitet, weder theoretisch noch praktisch.

Etwa die Hälfte des Öls ist bereits verbraucht, mit der Folge, dass die ärmeren Länder gegenüber dem Wohlstand der Industrienationen nicht mehr aufholen können. Für künftige Generationen bleibt kaum etwas übrig. Ein Lebensstil, der auf fortgesetztem Wachstum und billiger Energie fußt, ist durch nichts mehr zu rechtfertigen. Auch auf diese Diskussion ist unsere Gesellschaft nicht vorbereitet.

Es kann kein geschlossenes Bild einer nachhaltigen Energiezukunft geben. Man kann aber wesentliche Randbedingungen und Kriterien für nachhaltigere Strukturen beschreiben. Die wichtigste Voraussetzung ist sicherlich die stetige Reduzierung des fossilen Energieverbrauchs, sowohl aus Gründen des Klimaschutzes wie auch der Verfügbarkeit von Kohle, Öl und Gas. Gleichzeitig muss ein vollständiger Übergang zu erneuerbaren Energien eingeleitet werden.

Es ist wichtig, die jetzt schon spürbaren Umbrüche nicht länger als Betriebsunfälle, sprich als mehr oder minder vorübergehende Abweichungen von einer idealen Entwicklung zu verstehen. Dieses Verständnis ist allerdings nur eine Voraussetzung, um aktiv zu werden, und die Zukunft in einer verträglicheren Weise zu gestalten. Es ist keine Garantie dafür, dass unsere Gesellschaft den Weg in eine nachhaltige Zukunft auch tatsächlich beschreitet. Je schneller wir in dieser Umstellung voran kommen und je größer die Anteile der erneuerbaren Energieträger werden, desto besser können die schrumpfenden Ölressourcen und die damit verbundenen wirtschaftlichen Verwerfungen abgefangen werden.

Kein gutes Klima

**Die Erwärmung der Atmosphäre durch anthropogene
Spurengase schreitet weiter voran**

Von Mojib Latif

Die sich weltweit häufenden Wetterextreme rücken das Klima immer
mehr in den Mittelpunkt des Interesses. Die Frage ist: Deuten Starkregen, Schneemassen, Taifune und Hurrikane auf einen Klimawandel hin?
Liegen darin schon die Anzeichen einer globalen Erwärmung? Es gibt
heute kaum noch einen Zweifel daran, dass der Mensch das Klima beeinflusst. Unbestritten ist auch, dass sich das Weltklima in den nächsten Jahrzehnten infolgedessen weiter erwärmt. In einer wärmeren Atmosphäre wird mehr Wasser verdunsten, wodurch sich bestimmte
Wetterphänomene verstärken.

Der Klimawandel ist darin begründet, dass der Mensch durch seine vielfältigen Aktivitäten bestimmte Spurengase in die Atmosphäre entlässt.
Sie führen zu einer zusätzlichen Erwärmung der unteren Luftschichten
und der Erdoberfläche, dem so genannten Treibhauseffekt. Von größter
Bedeutung ist dabei Kohlendioxid, das vor allem aus der Verbrennung
fossiler Brennstoffe wie Erdöl, Kohle und Erdgas entweicht. Sie werden
im großen Stil zur Energieerzeugung eingesetzt. Deshalb ist der Ausstoß von Kohlendioxid eng an den Energieverbrauch gekoppelt.

Andere wichtige Spurengase sind Methan, Distickstoffoxid und die Fluor-Chlor-Kohlenwasserstoffe, gemeinhin mit FCKW abgekürzt. Der anthropogene Treibhauseffekt lässt sich ungefähr zur Hälfte auf von Menschen verursachtes Kohlendioxid zurückführen. Es verbleibt ungefähr
100 Jahre in der Atmosphäre, was die Langfristigkeit der Klimaerwärmung verdeutlicht.

Der Kohlendioxidgehalt der Erdatmosphäre war seit Jahrhunderttausenden nicht so hoch wie heute. Messungen belegen zweifelsfrei, dass
sich die Konzentration des Kohlendioxids seit Beginn der industriellen
Revolution rasant erhöht hat: um mehr als ein Drittel gegenüber dem
Jahr 1800. Dass der Mensch für diesen Anstieg verantwortlich ist, ist
unstrittig. Um den Kohlendioxidgehalt der Atmosphäre bis in die Urzeit
zurück zu rekonstruieren, nutzt man die chemische Analyse von Luftbla-

sen, die im Eis der Antarktis eingeschlossen sind. Die Eisproben werden als Bohrkerne aus großen Tiefen gezogen. Neueste Bohrungen zeigen, dass die heutige Konzentration von Kohlendioxid seit knapp einer Million Jahren nicht erreicht wurde.

Wäre die Erde ohne schützende Atmosphäre, würde sich ihre Oberflächentemperatur ausschließlich durch die Differenz zwischen der eingestrahlten Sonnenenergie und der abgestrahlten Wärme ergeben. Durchschnittlich hätten wir auf unserem Planeten eine Temperatur von rund minus 18 Grad Celsius. Eine Atmosphäre aus reinem Sauerstoff und Stickstoff würde daran nichts Wesentliches ändern. Diese beiden Elemente bilden mit zusammen 99 Prozent die Hauptkomponenten unserer Atmosphäre. Bestimmte Spurengase wie Wasserdampf und Kohlendioxid absorbieren die von der Erdoberfläche ausgehende Wärmestrahlung und werfen diese ihrerseits zurück. Dies führt dazu, dass sich die Erdoberfläche zusätzlich erwärmt. Die Temperatur der Erdoberfläche beträgt daher im globalen Mittel rund 15 Grad Celsius. Dieser Effekt ist mit dafür verantwortlich, dass es überhaupt Leben auf der Erde gibt. Die beteiligten Spurengase werden als Treibhausgase bezeichnet.

In der Sommerhitze des Jahres 2003 versiegt fast der Rhein, Deutschlands wichtigste Wasserader. Foto: Bernd Arnold/Greenpeace

Die Konzentration der langlebigen Treibhausgase nimmt ständig zu: Seit Beginn der Industrialisierung bis heute legte Kohlendioxid um mehr als ein Drittel zu. Methan erhöhte sich um 120 Prozent und Distickstoffoxid um rund ein Zehntel. Dadurch wird eine zusätzliche Erwärmung der Erdoberfläche und der unteren Atmosphäre angestoßen. Ein verstärkter Treibhauseffekt führt auch zu Veränderungen des Niederschlags, der Bewölkung, zur Enteisung der Polarmeere, dem Anstieg der alpinen Schneegrenze, steigendem Meeresspiegel und extremen Wetterkapriolen. Am Ende dieses Prozesses steht die globale Klimaveränderung. Wir sind vor allem den Wetterextremen gegenüber empfindlich, wie die Überflutung der Elbe im Jahr 2002 und die Dürre im Folgejahr mehr als deutlich gemacht haben. Auch die Veränderungen in den Gebirgsregionen können dramatische Ausmaße annehmen. Sie erkennt man vor allem an dem Rückzug der Gebirgsgletscher in den Alpen, die seit 1850 bereits die Hälfte ihres Volumens verloren haben. Die Gletscher werden sich aber noch weiter zurückziehen. Die meisten Alpengletscher werden schon in etwa fünfzig Jahren verschwunden sein. Es sei denn, die Menschheit ergreift endlich Maßnahmen, um dem anthropogenen Treibhauseffekt entschlossen entgegenzusteuern. Die Permafrostgebiete werden ebenfalls schwinden. Das sind Regionen, deren Böden das ganze Jahr über gefroren sind und nur oberflächlich im Sommer leicht antauen. Die Folgen im Gebirge wären unübersehbar, da der Rückzug des Permafrostes die Stabilität ganzer Berglandschaften gefährdet. Hänge und Muren werden abrutschen, in bislang ungekannten Dimensionen. Diese Lawinen aus Schlamm und Geröll räumen alles ab, was sich ihnen in den Weg stellt, auch befestigte Dörfer und Kleinstädte. Darüber hinaus besteht die Gefahr, dass die auftauenden Permafrostgebiete in den polaren Breiten große Mengen von Methan frei setzen, wodurch sich die globale Erwärmung weiter verstärkt. Große gefrorene Methanvorkommen, so genannte Gashydrate, gibt es auch im Meer. Erwärmt sich das Meerwasser infolge der Klimaerwärmung, könnten auch diese natürlichen Speicher ihre Treibhausgase in die Atmosphäre abgeben. Hinzu kommen weitere Phänomene: Je wärmer die Meere werden, umso weniger Kohlenstoff können sie speichern. Eine durch Klimastress und Abholzung geschädigte Vegetation nimmt immer weniger Kohlendioxid auf. Im Extremfall gibt sie sogar Kohlendioxid an die Atmosphäre ab. Die Veränderungen in den Weltmeeren und in der Vegetation können also dazu führen, dass der Atmosphäre weniger Kohlendioxid entzogen wird, so dass sich die Temperatur der Erdoberfläche noch rasanter erhöht.

Anstieg der Weltmeere um sieben Meter?

Als Folge wird der Meeresspiegel ansteigen, zum einen infolge der Wärmeausdehnung des Wassers und zum anderen wegen des schmelzenden Eises, bis zum Jahr 2100 um bis zu achtzig Zentimeter allein durch die Wärmeausdehnung. Falls die dicken Eispanzer Grönlands oder der Antarktis schmelzen sollten, wären deutlich stärkere Anstiege zu erwarten. Verliert Grönland seine Eisdecke, würden die Weltmeere um sieben Meter ansteigen. Hamburg, London, New York und Hongkong könnten dann in den Fluten versinken. Allerdings ist unter Klimaforschern noch umstritten, wie stabil die großen Eisschilde tatsächlich sind.

Es drängt sich nun die Frage auf, welche Klimaänderungen schon heute zu beobachten sind. Die globale Mitteltemperatur der Erdoberfläche zeigt seit 100 Jahren einen offensichtlichen Trend zur Erwärmung. Zumindest der in den letzten Jahrzehnten beobachtete Temperaturanstieg geht mit sehr hoher Wahrscheinlichkeit auf den Menschen zurück. Es hat zwar in der Geschichte unseres Planeten in der Vergangenheit immer wieder Klimaschwankungen gegeben, wie beispielsweise die mittelalterliche Warmzeit oder die kleine Eiszeit, die ihr zwischen dem 14. und dem 17. Jahrhundert folgte. Diese Phänomene waren im Vergleich zum Temperaturanstieg der letzten Jahrzehnte allerdings deutlich schwächer ausgeprägt, zumindest im globalen Maßstab.

Es wird immer wieder die Frage gestellt, welche Rolle die Sonne bei der Klimaerwärmung spielt. Die Intensität der Sonnenstrahlung unterliegt Schwankungen, die unter anderem mit der Aktivität der so genannten Sonnenflecken zusammenhängen. Nach Schätzungen liegt die Solarkonstante zurzeit etwa ein Viertelprozent höher als vor 100 Jahren. Simulationen zeigen, dass dadurch ein Teil der Klimaerwärmung erklärt werden kann. Allerdings macht dieser Einfluss nur etwa zwei Zehntel Grade Celsius aus. Das entspricht ungefähr einem Drittel der Gesamterwärmung. Die Sonnenvariabilität allein kann also nicht für den Temperaturanstieg verantwortlich sein. Der überwiegende Anteil geht eindeutig auf das Konto des Menschen. Dies ist Konsens unter den internationalen Klimaforschern. Die Debatte kann also heute nicht mehr darum gehen, ob der Mensch das Klima beeinflusst, sondern nur noch um die drängende Frage, inwieweit wir den Klimawandel minimieren können.

Das Klima folgt chaotischen Gesetzen. Mit Hilfe von Klimamodellen lassen sich zwar langfristige Klimavorhersagen machen. Exakte Wetterprognosen hingegen kann man nur wenige Tage im Voraus erstellen. Wir wissen, dass es mehr Stürme, Überflutungen und Dürren geben wird, aber wir wissen nicht genau, an welchem Tag sie über uns hereinbrechen. In der Tat zeigen Aufzeichnungen der letzten hundert Jahre, dass sich extreme Wetterereignisse weltweit häufen, wie in den Klimamodellen vorhergesagt. Diese Häufung kann man der globalen Erwärmung zuordnen. Man muss immer stets die Statistik der Ereignisse betrachten, etwa die Wetterextreme über einen längeren Zeitraum, um den Zusammenhang zwischen Wetterextremen und Klimaerwärmung zu beleuchten.

Mit Hilfe von Computern lassen sich die Folgen für das Klima sehr gut simulieren. Globale Klimamodelle sind in der Lage, die Wechselwirkung zwischen den Prozessen in Atmosphäre, im Ozean, im Meereis und auf den Landflächen zu beschreiben. Mit einem am Max-Planck-Institut für Meteorologie entwickelten Modell wurde das Klima von 1860 bis zum Ende des 21. Jahrhunderts berechnet. Dabei wurden die wichtigsten Treibhausgase und Aerosole aus Schwefelverbindungen berücksichtigt, inklusive deren Einfluss auf die Wolkenbildung. In dieser Simulation wird eine globale Erwärmung seit Ende des 19. Jahrhunderts bis 1990 von etwa 0,6 Grad Celsius berechnet, was mit den Messungen klar übereinstimmt. Die globale Erwärmung wird bis 2050 um weitere 0,9 Grad Celsius zunehmen. Dabei liegt die Erwärmung der Kontinente mit 1,4°C etwa doppelt so hoch wie die der Ozeane. Bis zum Jahr 2100 kann die globale Erwärmung im globalen Mittel bis zu vier Grad Celsius erreichen. Zusammen mit der Erwärmung seit 1860 entspräche dies fast dem Temperaturanstieg von der letzten Eiszeit bis heute.

Hurrikane „Charlie" verwüstete im August 2004 den Flughafen von Port Charlotte in Florida. Foto: Daniel Beltra/Greenpeace

Erwärmt sich die Atmosphäre, nimmt sie über den Ozeanen mehr Wasserdampf auf und transportiert ihn zu den Kontinenten. Dort wären starke Niederschläge die Folge, verbunden mit Überschwemmungen. Hohe Breiten und die Tropen müssen sich auf mehr Regen einstellen. Die ohnehin regenärmeren Subtropen werden aber weiter austrocknen. Damit vergrößern sich die Unterschiede zwischen den feuchten und trockenen Klimaten auf der Erde. Diese Aussage gilt auch für Europa. Während der Sommerniederschlag fast überall in Europa abnimmt, wird im Winter ein ausgeprägtes Nord-Süd-Gefälle vorhergesagt – mit einer Abnahme im niederschlagsarmen Südeuropa und einer Zunahme im niederschlagsreichen Mittel- und Nordeuropa. Diese Zunahme geht einher mit starken Winterstürmen über dem Nordostatlantik und verstärkten Westwinden, die feuchte Luft vom Atlantik heranführen. Auffällig sind eine Häufung von Starkniederschlägen sowohl im Winter als auch im Sommer und damit eine erhöhte Wahrscheinlichkeit von Überschwemmungen. Die Anzahl der Frosttage wird in Europa bis zur Mitte dieses Jahrhunderts deutlich abnehmen, während Hitzetage mit mehr als dreißig Grad deutlich zulegen, um einen ganzen Monat. Nach neuesten Berechnungen werden sehr trockene und heiße Sommer über Europa kommen. So genannte Jahrhundertsommer wie im Jahr 2003, der den deutschen Bauern die Ernte auf den Feldern versengte, könnten bis 2070 alle zwei Jahre auftreten.

Die Modellrechnungen zeigen auch, dass sich tropische Wirbelstürme verstärken. Bereits heute kann man beobachten, dass die zerstörerische Wucht der Hurrikane und Taifune in dem Maße zugenommen hat, wie die Meerestemperatur in den Tropen angestiegen ist. Der Trend zu stärkeren tropischen Wirbelstürmen wird sich fortsetzen, da die Meerestemperatur infolge des anthropogenen Treibhauseffekts weiter ansteigt. Bis nach Europa werden es die tropischen Wirbelstürme aber kaum schaffen. Um sich zu entwickeln, brauchen sie eine Meerestemperatur von mindestens 26,5 Grad Celsius. Solche Wassertemperaturen sind im für unser Wetter bestimmenden Nordatlantik selbst bei einer massiven Erwärmung nicht zu erwarten.

Der Klimawandel erreicht die Weltpolitik

Der Klimawandel hat mittlerweile die Weltpolitik erreicht. Am 10. Dezember 1997 haben die Vertragsstaaten der Rahmenkonvention der Vereinten Nationen zu Klimaänderungen einstimmig das so genannte Kyoto-Protokoll angenommen. Darin verpflichteten sich die Industrieländer, ihre Emissionen von Treibhausgasen zwischen 2008 und 2012 um 5,2 Prozent zu mindern, verglichen mit dem Ausstoß im Jahr 1990. Mit der Ratifizierung Russlands im Februar 2005 ist das Kyoto-Protokoll völkerrechtlich verbindlich. Die Europäische Union muss um acht Prozent reduzieren, stärker als die USA mit sieben Prozent oder Japan mit sechs Prozent. Russland soll seine Emissionen lediglich halten, Norwegen darf sogar zulegen. Die USA haben sich allerdings vom Kyoto-Protokoll losgesagt. Dies wiegt umso schwerer, weil die Vereinigten Staaten allein für etwa ein Viertel des weltweiten Kohlendioxidausstoßes verantwortlich sind. Darüber hinaus ist der Ausstoß der Schwellenländer wie China im Kyoto-Protokoll nicht geregelt. China und Indien schicken sich gerade an, die USA beim Kohlendioxidausstoß zu überflügeln.

Klimaforschern ist klar: Das Kyoto-Protokoll reicht bei weitem nicht aus. Um gravierende Klimaveränderungen in den nächsten Jahrzehnten zu verhindern, müsste der Ausstoß von Treibhausgasen bis zum Jahr 2100 auf einen Bruchteil des heutigen Wertes sinken, auf weniger als ein Fünftel. Der Ausweg liegt in den erneuerbaren Energien. Sie müssen deutlich mehr Gewicht erhalten, denn Sonnenenergie und Erdwärme stehen uns praktisch unbegrenzt zur Verfügung – und verursachen keine Treibhausgase wie Kohlendioxid oder Methan. Zudem kann die Einsparung von Energie erheblich dazu beitragen, die Emissionen der Treibhausgase auch kurzfristig zu senken. Auch wenn das Kyoto-Protokoll längst nicht ausreicht, so ist es doch ein erster, wichtiger Schritt in die richtige Richtung.

Die jährlichen Konferenzen der Vertragsstaaten bieten die Chance für Nachbesserungen, so wie es beim Montrealer Protokoll zum Schutz der

Ozonschicht der Fall war. Das ursprüngliche Montrealer Protokoll aus dem Jahr 1987 garantierte keineswegs den Schutz der Ozonschicht. Manche Wissenschaftler sprachen damals sogar von Sterbehilfe für die Ozonschicht. Das Protokoll wurde aber Schritt für Schritt verschärft. Heute kann man davon ausgehen, dass die Menschheit die Zerstörung der schützenden Ozonschicht in letzter Sekunde verhindern konnte.

Da das Klima nur auf langfristige Strategien reagiert, ist es noch nicht zu spät, einen wirksamen Klimaschutz in Gang zu setzen, der gravierende Klimaveränderungen vermeidet. Nach Meinung vieler Experten wäre es dabei wichtig, die globale Erwärmung bis 2100 unter zwei Grad Celsius zu halten. Eine besondere Bedeutung kommt hierbei den erneuerbaren Energien zu, allen voran die Sonnenenergie. Über die Modalitäten, wie den erneuerbaren Energien weltweit zum Durchbruch verholfen werden kann, sollte man sich auf den kommenden Klimakonferenzen verständigen. Wichtig wäre auf jeden Fall, dass langfristiges Denken in der Politik wieder Bedeutung erlangt. Will man Länder wie die USA oder China in den Klimaschutzprozess einbinden, muss man langfristige Ziele formulieren, die kurzfristig nicht allzu große wirtschaftliche Belastungen herbeiführen.

Hochwasser 2005 in Bad Toelz in Bayern. Foto: Thomas Einberger/argum/Greenpeace

Energie einzusparen oder Energie effizienter zu nutzen, diese Möglichkeiten eröffnen sich jedoch sofort. So könnte man beispielsweise Verkehr von der Straße auf die Schiene verlagern oder sparsame Autos fördern. Langfristig werden wir infolge der knapper werdenden fossilen Ressourcen nicht umhin können, den erneuerbaren Energien mehr Gewicht zu geben. Selbst die großen Mineralölkonzerne haben dies erkannt und werben für Solarenergie. Manager, Banker, Politiker und Umweltschützer – alle sitzen im gleichen Boot. Der Umbau zu einer Energieversorgung, die keine Treibhausgase mehr freisetzt, ist eine enorme Herausforderung. Deutschland wäre gut beraten, hierbei eine Vorreiterrolle zu übernehmen, da wir langfristig davon auch ökonomisch profitieren. Unsere gegenwärtige Wirtschaftskrise ist zumindest teilweise in einem Mangel an Innovation begründet. Die Energiefrage ist eine der großen Zukunftsfragen. Das Land, das als erstes konkrete Antworten darauf findet, wie die erneuerbaren Energien in großem Maßstab und ökonomisch eingesetzt werden können, wird sich einen enormen Wettbewerbsvorteil verschaffen. Besonders wichtig wäre ein parteiübergreifender Konsens, die Erforschung der erneuerbaren Energien langfristig zu fördern. Der Klimaschutz und die Energiewende sind zu wichtig, um sie streitenden Parteiideologen und Wahlkämpfern zu überlassen.

Wenn wir heute die Weichen für eine nachhaltige Entwicklung stellen, dann ist dies auch in ökonomischer Hinsicht sinnvoll. Denn es ist insgesamt billiger, Vorsorge zu treffen, als die sich in der Zukunft häufenden klimabedingten Schäden zu begleichen. Die Elbe-Flut hat uns dies nur zu deutlich vor Augen geführt. Darüber hinaus sollten wir nicht mit unserem Planeten experimentieren, da die Vergangenheit immer wieder gezeigt hat, dass vielerlei Überraschungen möglich sind. So wurde beispielsweise das Ozonloch über der Antarktis von keinem Wissenschaftler vorhergesagt, obwohl die Ozon schädigende Wirkung der Flurkohlenwasserstoffe (FCKW) bekannt war. Das Klima auf der Erde ist ein vielschichtiges, sensibles Gebilde, das bei starker Erwärmung für uns alle verblüffende Folgen bereithalten kann.

Ideen für die Zeit danach

Das Ölzeitalter neigt sich einem schnellen Ende zu:
Schon jetzt entscheidet sich, wie der Ausstieg gelingt.

Von Carsten Pfeiffer

Preise zwischen fünfzig und siebzig US-Dollar für ein Barrel Rohöl könnten bald als gute alte Zeit gelten: Schon sind hundert oder gar mehr in
Sicht. Die Association for the Study of Peak Oil and Gas prophezeit, dass
die Weltölförderung in wenigen Jahren ihren Höhepunkt erreichen wird.
Danach geht sie schrittweise zurück.

Ganz anders verhält sich der globale Energiebedarf. Je nachdem, welcher Statistik man glaubt, stieg der Verbrauch von Erdöl im Jahr 2004
weltweit um 2,5 bis 3,5 Millionen Barrel am Tag. Das ist mehr als der
gesamte Verbrauch Deutschlands. Drei bis vier Jahre dieses Wachstums
entsprechen der Ölförderung Saudi-Arabiens. Der Tag liegt nicht fern,
an dem die Förderung nicht mehr ausgeweitet werden kann. Schon weisen Forscher darauf hin, dass mindestens zehn Jahre Vorbereitungszeit
erforderlich sind, um größeren Schaden abzuwenden. Nur zehn Jahre,
die wir vermutlich nicht einmal mehr haben werden, um uns auf das
Ende von Öldorado einzustellen. Beim Erdgas wird es wahrscheinlich
nicht viel länger dauern. Folglich müssten jetzt alle erforderlichen Hebel
in Bewegung gesetzt werden.

Doch die Mehrheit der Wissenschaftler, die Internationale Energieagentur und die Ölkonzerne wiegeln ab. Noch ist deren Deutungshoheit un-
gebrochen und die Lobby stark genug. Sie kann sich darauf verlassen,
dass Wähler und Politiker unangenehme Entscheidungen fürchten. Lieber schiebt man auf die lange Bank, was längst offenkundig ist: Auf uns
kommen deutlich höhere Energiekosten zu. Doch seit Jahren können
wir lesen, dass Spekulanten, kaputte Ölpipelines oder Unruhen bei der
Ölförderung für den hohen Ölpreis verantwortlich sind. Das waren die
Begründungen, als der Preis auf dreißig US-Dollar anstieg, das Gleiche
bei vierzig Dollar, bei fünfzig Dollar und auch bei sechzig Dollar und
siebzig Dollar. Man benötigt nicht viel Fantasie, um die gleichen Ausre-
den für achtzig und neunzig Dollar voraussagen zu können. Es ist daher

sehr wahrscheinlich, dass das Problem zu spät erkannt und Maßnahmen zu spät eingeleitet werden.

Es steht zu befürchten, dass den Abwieglern so lange geglaubt wird, bis die Energiekrise auch von den geschicktesten Public-Relations-Managern nicht mehr zu leugnen ist. Dann wird es aber zu spät sein, um wirksame Maßnahmen zu ergreifen und die schlimmsten Verwerfungen zu verhindern. Grund zur Resignation? Mitnichten, denn der Staat und seine Bürger haben viele Möglichkeiten, dagegen anzugehen.

Welche Dynamik die Energiepreise annehmen, zeigen die dramatischen Fehlentscheidungen in den USA und Großbritannien. Noch Anfang des Jahrzehnts waren sich fast alle Analysten einig, dass Erdgaskraftwerken die Zukunft gehört. Zwei bis drei Jahre später wurde dieser Energieträger in den USA knapp, die Preise schossen auf das Dreifache hoch. Wer konnte, stellte seine Kraftwerke auf andere Energieträger um. Andere hatten eine Menge Geld in den Sand gesetzt, da der Strom aus Erdgas plötzlich nicht mehr wettbewerbsfähig war. Ganz ähnlich verhielt es sich in Großbritannien, das bis vor kurzem noch Erdgas exportierte. Bald wird es einer der größten Gasimporteure Europas sein.

Überall lauern Fehlinvestitionen

In Deutschland stehen auch neue Investitionen in Erdgaskraftwerke an, wird der Aufbau eines Netzes von Gastankstellen vorangetrieben. Dabei liegt auf der Hand, dass ein höherer Erdölpreis selbst dann höhere Erdgaspreise zur Folge hätte, wenn es genügend Erdgas gäbe. Schon der Versuch, aus dem Öl zu flüchten und auf Erdgas umzusteigen, wird die Preise in die Höhe treiben. Mehr noch: Die günstigen Erdgasfelder sind bereits erschlossen. Sie müssen von deutlich teureren Feldern ersetzt werden. Als Beispiel seien nur die Investitionskosten für das Yamal-Erdgasfeld in Sibirien genannt. Für seine Erschließung inklusive Pipelinebau werden rund 100 Milliarden US-Dollar veranschlagt. Die Hoffnung auf Erdgas wird sich in Europa ebenso verflüchtigen wie bereits auf den britischen Inseln oder in Nordamerika. Sogar Großexporteur Russland beginnt damit, seine eigenen Kraftwerke auf Kohle umzurüsten. Sein Ziel ist, so viel Gas wie möglich auf den Weltmarkt zu werfen, um maximale Gewinne aus dem wertvollen Rohstoff zu ziehen. Die ironische Kehrseite der Medaille: In Deutschland soll Erdgas die alten Kohlekraftwerke ersetzen, um Kohlendioxid einzusparen. Da Großbritannien und bald auch die Niederlande als Gasexporteure ausfallen, werden die deutschen Haushalte und die deutsche Industrie über kurz oder lang fast ausschließlich von den russischen Gaslieferungen abhängen. Dann bestimmt Moskau die Preise, wie am Gasstreit mit Kiew zu Beginn des Jahres 2006 gesehen. Einen Ausweg soll verflüssigtes Erdgas, das so genannte LNG weisen, das mit Schiffen über große Entfernungen transportiert wird. Aber auch hier stellt sich die Frage, wie die stark wachsende globale Nachfrage auf längere Sicht gedeckt werden solle. Bei begrenzten Erdgasquellen helfen auch gigantische Flüssiggastanker nicht weiter.

Und damit zurück zu den Fehlinvestitionen, denn sie lauern überall: Noch immer werden Flugzeuge entwickelt, die mit billigem Kerosin fliegen sollen. Die Automobilindustrie entwirft weiterhin Fahrzeuge mit hohem Spritverbrauch. Herr Maier und Frau Müller kaufen Öl- oder Gasheizungen, und die Industrie investiert in Fabriken, von denen sie heute nicht ahnt, welche Energiekosten dort morgen anfallen. Die meisten Gebäude sind schlecht gedämmt. Noch gilt es als schick, Energie fressende Hochhäuser mit Glasfassaden zu errichten. Noch zahlt der Staat eine Entfernungspauschale, damit sich das Pendeln im Auto richtig lohnt. Doch die Tage dieser falschen Subvention sind gezählt.

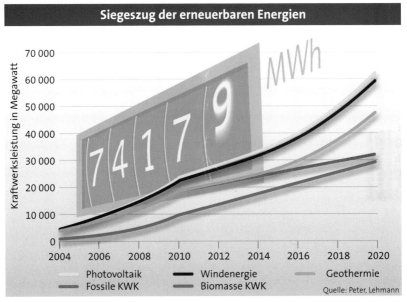

Grafik: Solarpraxis AG

Dies sind nur einige Beispiele, die zeigen, wie schwierig es sein wird, den Abschied von Erdöl und Erdgas zu organisieren, ohne dass die Wirtschaft und der Wohlstand erheblichen Gefährdungen unterworfen werden. Der größte Ölfresser ist der Verkehrssektor. Ausgerechnet in diesem Segment sind andere Energieträger am schwersten zu finden. Autos, Bahnen, Flugzeuge und Schiffe: Sie alle entstanden im Zeitalter des billigen Öls und hängen von den Flüssigtreibstoffen ab. Höhere Preise für Rohöl werden natürlich auf Benzin und Diesel durchschlagen, die Nachfrage nach Autos wird zurückgehen. Große Teile der Weltbevölkerung müssen ihre Mobilität einschränken oder auf alternative Verkehrsträger ausweichen. In der Automobilindustrie kommt es zu Fusionen und Massenentlassungen.

Biokraftstoffe gewinnen schnell Marktanteile, aber auch ihre Preise ziehen an, weil sich ihre Rohstoffbasis nicht schnell genug erweitern lässt. In einigen Ländern – vor allem in den USA und China – wird man versuchen, Kraftstoffe aus Kohle zu gewinnen. Diskutiert werden vor allem Methanol, synthetische Kraftstoffe und Wasserstoff. Hybridfahrzeuge, die mit Strom oder Benzin fahren können, erobern sich bald größere Marktanteile. Wenn die Batterien Fortschritte machen, könnten Elektroautos nach und nach den Markt erobern. Die Gewinner des Preisanstiegs bei Erdöl sind die stromgetriebenen Schienenfahrzeuge, denn sie werden deutlich attraktiver. Sehr schnell werden kleinere Zweiräder mit Verbrennungsmotor durch Elektroscooter ersetzt. Selbst Elektromotorräder kommen auf den Markt.

Neue Ideen helfen Sprit sparen: Lenkdrachen auf hoher See. Foto: SkySails

Die motorisierte Binnenschifffahrt wird sich ihrer Ursprünge besinnen, der Elektromotor wird dort ein Comeback erleben. Im ozeanischen Seeverkehr führt der Weg „weg vom Öl" womöglich noch weiter in die Vergangenheit. Über Jahrtausende hinweg hat der Wind die Schiffe vorangetrieben. Bald könnten Zugdrachen die Schiffsdiesel unterstützen. Sehr große Drachen könnten schon in wenigen Jahren Tanker und Frachter hinter sich herziehen.

Der Flugverkehr wird von teurem Öl besonders betroffen sein, da es derzeit keine günstigen Alternativen zum Kerosin gibt. Die Flugzeuge, die heute entwickelt werden, fliegen noch in Jahrzehnten – doch mit welchem Treibstoff und zu welchen Preisen? Die Branche legt die Hände in den Schoß, sie hat sogar die utopisch anmutenden Versuche zum Einsatz von Wasserstoff auf Eis gelegt. Am weitesten gediehen scheinen die Überlegungen, auf synthetische Kraftstoffe auszuweichen. Aber auch diese müssen irgendwo herkommen, und sie werden deutlich teurer sein als das heutige Kerosin. Ein Aufsichtsratsmitglied der Lufthansa hat den luftigen Vorschlag geäußert, Teile der Ölvorräte für die Luftfahrt zu reservieren. Es wäre sicher interessant zu hören, was die Vorstände von DaimlerChrysler, Volkswagen oder BMW davon halten, nicht zu sprechen von den Chefs der chinesischen oder japanischen Automobilkonzerne. Lange bevor der letzte Tropfen Erdöl verbraucht ist, haben die Passagiere vor den astronomischen Preisen kapituliert.

Der zweite wichtige Absatzmarkt für Erdöl und seine Derivate ist die Wärmeerzeugung, obwohl hier das Erdgas in den letzten Jahren die größten Marktanteile gewann. Aber auch Erdgas wird deutlich teurer. Nach den Preissprüngen ab Sommer 2005 ist der Markt für Ölheizungen eingebrochen. Zunächst steigen viele Verbraucher auf Erdgas um. Das geht nur so lange, bis auch Erdgas weiter anzieht. Einen Boom erleben derzeit Heizungen, die Holzpellets und Holzhackschnitzel verbrennen. Aufgrund der großen Nachfrage und der angespannten Rohstoffmärkte müssen aber auch ihre Besitzer zukünftig vermutlich Preiserhöhungen hinnehmen. Allerdings bleiben sie spürbar hinter den Preisen für Öl und Gas zurück. Viele Verbraucher werden Elektroheizungen anwerfen, um Heizöl zu sparen. Auch die elektrisch betriebene Wärmepumpe erlebt einen Boom. Kraftwerke, die Wärme aus den tieferen Schichten der Erdkruste saugen, werden eine immer größere Rolle bei der Erzeugung von Strom und Heizwärme erhalten. Auch die Solarthermie, bei der Sonnenenergie genutzt wird, um Warmwasser aufzubereiten, kommt endlich aus der Subventionsecke heraus. Diese Erzeugung von Warmwasser ist rentabel. Selbst die Saisonalspeicherung für den Heizbedarf wird ökonomisch interessant.

Viele Gebäude sind schlecht gedämmt

Möglicherweise werden neue Wärmekonzepte und Techniken entwickelt, bei denen überschüssige Wärme chemisch konzentriert und über Tankwagen zu Verbrauchern in der Umgebung transportiert wird. Damit ließen sich Nachfragespitzen im Winter abdecken. Aber gerade im Wärmebereich ist es sehr einfach, kurzfristig Energie einzusparen. Der Großteil der Gebäude ist schlecht wärmegedämmt. Darin liegt eine große Chance. Gigantische Einsparpotenziale könnten relativ leicht erschlossen werden. Mit jedem Dollar, den der Ölpreis steigt, werden Maßnahmen zur Energieeinsparung wirtschaftlicher. Bessere Dämmung, Lüftung mit Wärmerückgewinnung, solare Architektur, optimierte Heizungsanlagen – all dies ist keine Hexerei. Millionen Häuser warten nur darauf, energetisch modernisiert zu werden. Dieser Markt könnte schnell Abertausende Arbeitsplätze schaffen. Es ist Aufgabe des Staates, die Rahmenbedingungen zu verbessern. Aber es liegt in der Hand der Bürger, aktiv zu werden. Der Schatz liegt sozusagen auf der Straße. Jetzt kommt es darauf an, ihn schnell zu heben.

In der Stromversorgung Deutschlands spielt das Erdöl mit einem Anteil von weniger als einem Prozent quasi keine Rolle. Relevant ist allerdings Erdgas, das zu einem guten Teil in Kraft-Wärme-Kopplung verfeuert wird. Der Preis des Erdgases ist an den Ölpreis gebunden; er steigt also gleichfalls steil nach oben. Wenn das Öl als billiger Energieträger ausfällt, wird die Nachfrage nach Strom wachsen. Wer bisher mit Mineralöl heizte, flüchtet bald in Heizstrahler, Elektrowärmepumpen und Nachtstromspeicherheizungen. Viele Autofahrer werden auf Elektromobile oder Elektrobahnen umsteigen.

Braunkohlekraftwerk Jänschwalde in Brandenburg. Foto: Vattenfall Europe

Auch Kohle wird spürbar teurer – und das nicht nur im Inland, wo die Förderung der tiefen Flöze immer mehr Geld und Energie kostet. International wird der steigende Ölpreis höhere Transportkosten verursachen. Weil die Konkurrenz in Erdöl und Erdgas die Preise anzieht, gibt dies der Kohle die Chance, ebenfalls höhere Preise zu erzielen. Dennoch steht zu befürchten, dass international zukünftig noch mehr Kohle verfeuert werden wird. Doch auch die Kohlevorräte sind endlich. Und auch hier gilt, dass die günstigsten Vorkommen längst abgebaut sind.

Die Windenergie ist international schon jetzt kaum zu stoppen und dürfte hierzulande bald ihren zweiten Frühling erleben. Angesichts der ökonomischen Sorgen und der Engpässe in der Stromerzeugung verlieren aufgebauschte Akzeptanzprobleme, die sich meist um die Optik der Rotoren drehten, an Bedeutung. Strom aus Bioenergie bleibt hingegen weiterhin teuer. Zwar fallen die Anlagenpreise. Der Wärmemarkt und der Verkehrssektor werden die Biomasse jedoch in hohem Maße für sich beanspruchen. Dennoch verbessert sich die Wirtschaftlichkeit im Vergleich zum Erdöl und Erdgas.

Die Photovoltaik entwickelt sich weiter, doch die Produktionskapazitäten können mit der explodierenden Nachfrage kaum Schritt halten. Durch die höheren Erdöl- und Erdgaspreise werden solarthermische Kraftwerke eine Chance erhalten. Allerdings finden sie eine starke Konkurrenz in konzentrierenden Fotovoltaik-Spiegelsystemen, deren Wirkungsgrade sich stetig erhöhen.

Erdöl wird nicht nur als Brennstoff verwendet, sondern auch in großem Umfang in der Petrochemie. Dort ist es seit Jahrzehnten der vorherrschende Grundstoff. Manche behaupten, dass Erdöl viel zu schade zum Verbrennen sei, da man den wertvollen Rohstoff in der Chemie benötigt. Doch das ist ein Irrtum. Erdöl lässt sich in der Chemie durch pflanzliche Rohstoffe ersetzen. Auch bei den Rohstoffen werden die Preise überall dort stark steigen, wo sie entweder mit hohem Energieaufwand oder direkt aus Erdöl gewonnen werden, etwa Mineraldünger oder Kunststoffe. Hier schlagen die hohen Energiekosten direkt durch mit Folgen für die gesamte Produktionskette. In der Chemie wird Biomasse verstärkt als Ersatz genutzt. Die hohe Nachfrage nach Biomasse zur Energieversorgung wird aber auch die Preise für Bioressourcen ankurbeln.

Falsche Hoffnungen in Wasserstoff

Häufig wird Wasserstoff als Lösung der Energieprobleme genannt. Wasserstoff selbst ist jedoch keine Energiequelle, sondern lediglich ein Speichermedium. Er muss daher mit Hilfe anderer Energien erzeugt werden. Somit landen wir wieder am Ausgangspunkt, welche Energieträger in der Zukunft die Hauptrollen spielen werden. Kann der Wasserstoff ausreichend Energie speichern? Sein Vorteil liegt darin, dass er sich vielfältig erzeugen lässt: durch die Elektrolyse mit Strom, aus synthetisch erzeugtem Gas, aus Biomasse oder Erdgas, in Atomkraftwerken oder Solartürmen. Interessant könnte die direkte Erzeugung durch Bakterien werden. Im Labor gibt es zudem Ansätze zur Wasserstoffproduktion, bei denen Licht in chemische Energie umgewandelt wird – nach dem Vorbild der Fotosynthese in Pflanzen.

Die Hauptnachteile des Wasserstoffs sind die hohen Kosten, die hohen Energieverluste und die bislang unzureichende Technik, vor allem in der Speichertechnologie. Die Kosten entstehen, weil ein Verteilungsnetz für Wasserstoff aufgebaut werden müsste. Da Wasserstoff viel flüchtiger als Erdgas ist und eine deutlich geringere Energiedichte aufweist, ist eine solche Infrastruktur aufwändiger als für Erdgas. Ein Kilogramm

Wasserstoff nimmt etwa das dreifache Volumen von Erdgas ein, weshalb man die Pipelines dicker machen müsste oder die Drücke erhöht.

Ein weiteres Problem sind die hohen Wandlungsverluste von der Erzeugung bis zum Verbrauch. Es bleibt nicht sehr viel Energie übrig. Da aber ein erheblicher Aufwand betrieben werden muss, um Wasserstoff zu erzeugen, zu transportieren und wieder in Strom umzuwandeln, gleicht der Prozess einer teuren Materialschlacht. Um Wasserstoff in Strom umzuwandeln, werden viele Hoffnungen auf die Brennstoffzelle gesetzt. Solche Geräte sind aber noch fern jeglicher Marktreife. Auch in einer Brennstoffzelle wird ein großer Teil der Energie vernichtet. Ulf Bossel vom European Fuel Cell Forum hat die Verluste der energetischen Gesamtkette auf 75 bis achtzig Prozent berechnet. Etwa sechzig Prozent der Energie geht verloren, bis der Wasserstoff überhaupt für die Brennstoffzelle zur Verfügung steht. Die Brennstoffzelle selbst erreicht Wirkungsgrade zwischen dreißig und 55 Prozent.

Diese Verluste belasten die Kosten für den Wasserstoff so sehr, dass das leichteste Element im Periodensystem vermutlich nie richtig abheben wird. Vor 2015 wird mit Brennstoffzellen für Fahrzeuge nicht gerechnet. Auch in der Gebäudeversorgung denkt man mittlerweile an 2010 oder später. Zunächst soll Erdgas verwendet werden, wobei es manche Brennstoffzellen zu Wasserstoff reformieren. Als Wasserstoffspeicher kommen chemische Verbindungen wie Metallhydrite in Frage. Oder der Wasserstoff wird extrem abgekühlt und als Flüssiggas gespeichert. Für keines dieser Verfahren wurde bisher eine überzeugende Lösung gefunden. Das Rennen zwischen den Speichertechnologien ist völlig offen. Doch ohne genau zu wissen, in welcher Form der Wasserstoff gespeichert und transportiert werden soll, ist es schwierig, eine Infrastruktur für diesen Energieträger aufzubauen.

Dennoch darf man den Wasserstoff nicht unterschätzen, denn er ist bei vielen Umweltfreunden populär und hat mächtige Freunde. Vor allem die Energiewirtschaft und die großen Chemieunternehmen lieben ihn. Der Wasserstoff verspricht einen gigantischen Absatzmarkt. So könnte über ihn nicht nur der Verkehrsmarkt erschlossen werden. Auch für die Mineralölwirtschaft verströmt der Wasserstoff einen ganz besonderen Charme. Heute sprechen sich alle Ölkonzerne für den „umweltfreundlichen" Wasserstoff aus, ohne Gefahr zu laufen, auf absehbare Zeit größere Summen in die Hand nehmen zu müssen. Sollte irgendwann tatsächlich einmal eine nennenswerte Wasserstoffwirtschaft entstehen, werden vermutlich viele Pipelines benötigt, mit denen sich gute Geschäfte machen lassen. Eine auf Wasserstoff basierende Wirtschaft wäre weitgehend identisch mit einer zentralen Versorgungsstruktur. Ob die Abhängigkeit von einigen großen Monopolen tatsächlich erwünscht ist, sei dahin gestellt. Schon bei Erdöl, Erdgas und Kohle zeigt sich, wie hemmend solche Strukturen auf die Lösung globaler Energieprobleme wirken.

Keine Zukunft mit Uran

Derzeit gibt es weltweit rund 440 Atomkraftwerke. Seit die Ölpreise steigen, ist von einer Renaissance der Atomenergie die Rede. Tatsächlich werden in einigen Ländern neue Atomkraftwerke geplant und gebaut. Kaum bekannt ist, dass die Zahl der im Bau befindlichen Atomkraftwerke nicht ausreicht, um diejenigen zu ersetzen, die in den nächsten Jahren vom Netz gehen sollen. Bislang findet die Renaissance also nur in der Öffentlichkeit, nicht aber in der Baugrube statt. Aber angenommen, es gäbe sie. Welchen Beitrag könnte die Atomenergie zum Umstieg vom Erdöl leisten? Wenn heute ein Atomkraftwerk beschlossen wird, dauert seine Errichtung ungefähr zehn Jahre. Zurzeit decken die Atomkraftwerke gerade mal 2,5 Prozent des weltweiten Endenergiebedarfs. Dies ist weniger als die weltweite Zunahme der Nachfrage nach Energie im Jahre 2004. Und – theoretisch – angenommen, die Atomkraftwerke würden den gegenwärtigen Energiebedarf der Menschheit vollständig decken, dann würde das Uran nur etwa zwei Jahre reichen. Allein dieses Beispiel zeigt, welch geringen Beitrag die viel diskutierte Atomenergie in der Zukunft für die globale Energieversorgung liefern könnte.

Im Juli 2005 fordern Aktivisten von Greenpeace vor dem Brandenburger Tor in Berlin: Kein Rückfall ins Atomzeitalter! Foto: Daniel Rosenthal/Greenpeace

Angenommen, die Energienachfrage wächst weitere zehn Jahre unvermindert an und angenommen, die Atomenergie würde zehn Prozent dieses Anstiegs abdecken. Dann blieben nicht nur neun Zehntel des Anstiegs offen. Es müsste dann deutlich mehr als doppelt so viel Atomstrom produziert werden wie heute. Der Anteil der Atomenergie an der Energieerzeugung würde sich in zehn Jahren kaum verändern. Die Uranreserven würden dennoch sehr schnell schrumpfen. Wenn ein neues Atomkraftwerk erst im Jahr 2015, 2020 oder 2025 fertig wird, sollte es mindestens vierzig Jahre günstigen Brennstoff haben. Die Frage ist, woher das Uran kommen sollte. Ausgerechnet der Aufbau neuer Kapazitäten in der nuklearen Energieerzeugung könnte die Branche in eine regelrechte Uranfalle führen. Der Schnelle Brüter, der vor Jahren als Jungbrunnen für verbrauchte Uranbrennstäbe gehandelt wurde, hat sich als Flop erwiesen. Selbst die Franzosen haben mittlerweile ihre Hände davon gelassen. Japan und Russland machen weiter trotz aller Rückschläge. Als letzter Ausweg für die Nuklearträume bleibt nur die Kernfusion. Sie erzeugt Energie, in dem sie Wasserstoffkerne zu Helium verschmilzt – nach dem Vorbild der Sonne. Doch ob sie jemals technisch gelingt, zu vertretbaren Kosten, ist vollkommen unklar. Nicht einmal die Kernfusionslobby rechnet damit, dass ein solcher Fusionsofen noch in der ersten Hälfte dieses Jahrhunderts ans Netz gehen könnte. Dass die Energieforschung vieler Länder und der EU Milliarden in diese zweifelhafte Idee steckt, spricht für den Erfolg der Lobbyisten. Zu den gewaltigen Energieproblemen, die in den nächsten Jahren und Jahrzehnten gelöst werden müssen, kann diese Technologie nichts beitragen.

Hinzu kommt, dass Atomenergie eine Achillessehne hat, die Gefährdung der Atomkraftwerke – vor allem durch den Terrorismus. Ein einziger erfolgreicher Terrorangriff und schon sind Dutzende wenn nicht Hunderte Milliarden Euro weltweit in den Sand gesetzt. Jeder Investor muss sich dieses Risikos bewusst sein und jede Bank, die dafür einen Kredit vergibt. Laufzeitverlängerungen verlängern vor allem die Abhängigkeitsdauer von einer Risikotechnologie.

Die Dinosaurier unter den fossilen Hoffnungsträgern: Methanhydrate, flüssige Kohle, Teersande

Vor einigen Jahren geisterten die Methanhydrate durch die Presse. Unglaubliche Mengen seien in den Schelfgebieten der Ozeane entdeckt worden. Das darin gebundene Methan, eine energiereiche Verbindung aus Kohlenstoff und Wasserstoff, reiche aus, um die Gasversorgung über Jahrzehnte, wenn nicht Jahrhunderte zu sichern. Die Euphorie war groß, die Erkenntnisse eher dürftig. Je näher man hinschaute, desto mehr lösten sich die Felder in Luft auf, ganz so wie die wenigen Hydrate, die man an die Oberfläche geholt hatte. Es handelte sich überwiegend um Analysefehler. Manche Felder waren bei nachfolgenden Messungen nicht mehr zu finden oder fielen deutlich kleiner aus. Dennoch: Die verbleibenden Schätzungen sind immer noch beachtlich. Aber die Menge sagt nichts darüber aus, ob man die Methanhydrate tatsächlich abbauen kann, zumal dabei möglicherweise die Stabilität der Schelfgebiete gefährdet wäre. Geraten sie ins Rutschen, wären Tsunami und Seebeben die Folgen. Dagegen wäre der Tsunami, der Weihnachten 2004 zahlreiche Inseln Indonesiens und im Indischen Ozean verwüstete, eine kleine Welle.

Bessere Chancen hätte die Kohle. Es geht wieder das Zauberwort von der Kohleverflüssigung um. Das Verfahren ist altbekannt: Schon im Zweiten Weltkrieg wurde Kohle verflüssigt, um damit Panzer anzutreiben. Der Gouverneur von Montana will damit die USA unabhängig von Erdölimporten machen und in China wird bereits eine Anlage aufgebaut, um daraus Sprit zu produzieren. Drei Tonnen Kohle ergeben eine Tonne Sprit. Würde die Kohleverflüssigung wirtschaftlich rentabel, würde in großem Maße Kohle abgebaut, mit allen katastrophalen Folgen für Umwelt und Klima. Derzeit gibt es nur sehr wenige Anlagen, die mit steigenden Ölpreisen rentabel werden könnten. Mit höheren Energiepreisen werden allerdings auch die Preise für die Kohleverflüssigung steigen. Zum einen ist der chemische Prozess teuer. Zum anderen dürfte der Kohlepreis schon aufgrund der höheren globalen Nachfrage nach Kraftwerkskohle stark ansteigen. Angenommen, es sollen über einen Zeitraum von zehn Jahren Verflüssigungskapazitäten aufgebaut werden, die täglich 8,5 Millionen Barrel Erdöl ersetzen. Dies entspricht zehn Prozent der heutigen Erdölförderung. Dazu müsste man etwa 1,3 Millionen Tonnen Kohle verflüssigen. Die Nachfrage nach Kohle müsste alleine zu diesem Zweck um etwa ein Drittel zunehmen. Hinzu kommt der gigantische Nachfrageanstieg der letzten Jahre vor allem aus China und Indien, ganz zu schweigen von der steigenden Nachfrage nach Kraftwerkskohle in den USA – nicht zuletzt aufgrund der dort stark gestiegenen Erdgaspreise. 2004 wuchs die weltweite Nachfrage sogar um mehr als sechs Prozent, etwa doppelt so stark wie beim Erdöl. Die Besitzer der Kohlegruben hätten angesichts dessen große Spielräume für Preiserhöhungen. Es ist nicht anzunehmen, dass sie ausgerechnet den Kohleverflüssigungsanlagen freiwillig günstige Preise anbieten.

An dieser Stelle ist es an der Zeit, mit dem Gespenst der „sauberen Kohle", der Clean Coal aufzuräumen. Sie ist eine geniale Erfindung der Werbeagenturen. Er soll suggerieren, dass die nächste Generation von Kohlekraftwerken sauber sein wird. Doch dies trifft für die Kohlekraftwerke, die derzeit entstehen, nicht zu. Sie unterscheiden sich lediglich durch bessere Wirkungsgrade von ihren Vorgängern. Diese „supereffizienten" Kohlekraftwerke sollen viel Kohlendioxid einsparen, da sie weniger Kohle benötigen, um die gleiche Strommenge zu produzieren. Was als Klimaschutz verkauft wird, relativiert sich schnell, wenn man die Realität betracht: Wie bereits erwähnt, ist 2004 der Kohleverbrauch drastisch gestiegen und damit auch der Ausstoß an Kohlendioxid. Die alten Kohlekraftwerke bleiben überwiegend in Betrieb. Die neuen stoßen zusätzliches Kohlendioxid aus. Hinzu kommen Stickoxide, Feinstäube und so weiter. Überspitzt ausgedrückt: Noch weitere 100 Jahre solche „effizienten" Kohlekraftwerke und wir können in der Arktis schwimmen! Die entscheidende Frage ist nicht, ob wir Kohle, Erdöl und Erdgas etwas schneller oder etwas langsamer verfeuern. Welche Rolle spielt es, ob fünfzig Millionen Tonnen Kohle in zehn, zwölf oder dreizehn Jahren verfeuert werden? Die entscheidende Frage muss daher lauten, ob die in den fossilen Brennstoffen gebundenen Klimagase überhaupt in die Atmosphäre abgegeben werden dürfen. Die Antwort lautet: Nein! Oder nur so wenig wie irgend möglich.

Die Kohleverflüssigung ist nur ein Horrorszenario für den Klimaschutz. Das andere sind die Teersande – möglicherweise auch Ölschiefer. Teersande gibt es eine ganze Menge, vor allem in Kanada. Da in den Sanden aber nur wenig Bitumen enthalten ist, wird sehr viel Energie benötigt, um daraus Öl zu gewinnen. Die Ökobilanz dieses Verfahrens ist katastrophal.

Um Teersande auszubeuten, werden großräumige Tagebaue angelegt. Man räumt die Deckschichten ab und baggert die Sande aus. Danach wird das Bitumen aus den Teersanden herausgekocht und so lange veredelt, bis Öl übrig bleibt. Nur ein Bruchteil der geförderten Sandmenge lässt sich energetisch verwerten. Die Ausbeute liegt sogar niedriger als bei der Braunkohle.

Anlage zur Aufbereitung von Teersanden in Athabasca, Kanada. Fotos: Shell

Manchmal liegen die Teersande tiefer, so dass Tagebaue nicht mehr ausreichen. Dann erfolgt die Abtrennung des Bitumens, indem man Dampf und Erdgas einspritzt. Auch hier wird viel Energie und Stoff eingesetzt, bis ein Teil des im Sand enthaltenen Teers als Bitumen an die Oberfläche gelangt. Der Rest bleibt unten. Diese Technologie hängt am Erdgas, so dass steigende Gaspreise den Abbau der Teersande erheblich verteuern. Es wird erwartet, dass die kanadischen Teersande gerade ausreichen, um den Rückgang der konventionellen Ölförderung im Land in den kommenden zehn Jahren zu kompensieren. Wenn der Erdölpreis eine kritische Schwelle überschreitet und die Welt nach anderen Energiequellen schreit, könnten die Aktivitäten zum Abbau der Teersande verstärkt werden. Wie weit dies mittelfristig möglich ist, kann hier nicht beantwortet werden. Kurzfristig lassen sich relevante Mengen aber kaum produzieren.

Wie wir gesehen haben, sind alle genannten scheinbaren Hoffnungsträger weit davon entfernt, in absehbarer Zeit die Lücke zwischen fallendem Angebot und steigender Nachfrage decken zu können. Wie verhält es sich aber, wenn wir all diese Hoffnungträger der Energiewirtschaft miteinander mixen, so wie es die Bush-Administration vorexerziert? Diese Strategie würde mindestens zehn Jahre benötigen, erst danach könnten neue Atomkraftwerke laufen und erst danach könnten Kohle und Teersande in großem Umfang ihre Wirkung entfalten. Es handelt sich hier um eine apokalyptische Energiezukunftsvision, die allerdings nicht kommen muss. Ein starker Ausbau der Atomenergie ist politisch sehr unwahrscheinlich und hat nichts mit den paar Reaktoren zu tun, die derzeit im Bau sind. Flüssige Energieträger aus Kohle oder Teersanden sind sehr teuer, da dabei immense Mengen teurer Energie benötigt werden. Grob gesagt liegt in der Formel „je schmutziger, desto teurer" unsere Hauptchance für die Zukunft. Wenn es gelingt, die Kosten für erneuerbare Energien schnell genug zu senken, dann können wir erreichen, dass sie sich von Anfang an gegen die schmutzigen Technologien durchsetzen. Der Wettlauf der erneuerbaren Energien findet nicht primär mit billigem Erdöl aus Saudi-Arabien oder billigem Erdgas aus Norwegen oder Russland und billiger Tagebau-Kohle für Kohlekraftwerke statt. Diese werden ihre Abnehmer finden. Stattdessen findet der Wettlauf mit teuren Teersanden, Ölschiefern, Kohleverflüssigung sowie teuren Erdgaslagerstätten in den Weiten Sibiriens und langfristig möglicherweise auch einzelnen Methanhydratfeldern statt. Auch die erneuerbaren Energien werden die Erdöllücke nicht von heute auf morgen füllen können. Aber ihre Tendenz weist nach oben, und ihre Kosten werden weiter nach unten gehen.

Die Chance besteht einfach gesagt darin, dass sich die erneuerbaren Energien und die Energiespartechnologien schneller durchsetzen. Aber daneben gibt es auch horrende Gefahren, vor allem für das Klima. Und diese Gefahren muss man sich ansehen, um sie bewusst abwehren zu können. Die Hauptgefahr besteht darin, dass in einer Zeit der Öl- und Energiepreiskrise auf ökologische Belange keine Rücksicht mehr genommen wird, da es um den Lebenssaft der Industriegesellschaften geht. Als Rettungsanker werden dann nicht nur die Atomenergie, sondern auch die problematischsten unter den fossilen Energien in Stellung gebracht.

Und hier zeigt sich auch, wieso es entscheidend ist, die erneuerbaren Energien schon heute in Stellung zu bringen und nicht nur auf Wärmedämmung im Kampf gegen Klimagase zu setzen, weil diese billiger ist. Die erneuerbaren Energien werden sich nur dann rechtzeitig gegen

Kohle und Teersande durchsetzen können, wenn ihre Kosten schnell gesenkt werden. Und es wird hier ebenfalls deutlich, wieso es wichtig ist, das Thema Elektromobilität in Angriff zu nehmen. Nur so kommt der Windstrom effizient in den Tank.

Aus den vorgenannten Abschnitten wird offensichtlich: Den einzigen Ausweg bieten nur die erneuerbaren Energien. Doch die fossile Energiewirtschaft sträubt sich vehement, in diese Technologien zu investieren. Ein beredtes Beispiel gibt Rainer J. Abbenseth von ExxonMobil Deutschland. Angesprochen auf die Förderung von erneuerbaren Energien schrieb er 2005 in einem Aufsatz: „Es kann kein sinnvoller Ansatz sein, eine Vorreiterrolle mit außerordentlich hohen Subventionen in einem Staat zu vollziehen, der etwa vier Prozent des weltweiten Energieverbrauchs hat. Steuerungsmaßnahmen auf so einem kleinen Feld erreichen zu wollen, ist absolut ineffektiv. Der politische Wille darf und kann nicht der Ersatz für vernünftige, sachgerechte energiepolitische Bewertungen sein."

Neue Ideen kommen aus dem Markt

Hätten wir auf Manager wie Herrn Abbenseth gewartet, wären weder die Windkraft noch die Photovoltaik nur ansatzweise dort, wo sie heute stehen. Eine Vielzahl anderer Technologien wäre deutlich weniger entwickelt. Durch die letzte große Novelle des Erneuerbare-Energien-Gesetzes gibt es zusätzliche Innovationsanreize, so dass sich die Entwicklung vor allem bei der Bioenergie und der Geothermie deutlich beschleunigen wird. Deutschland ist mit diesem Gesetz zum wichtigsten Markt und damit zur globalen Innovationsfabrik für erneuerbare Energien geworden. Vor Hochmut muss zwar gewarnt werden, schließlich sind wir nicht die einzigen. Japan spielt in der Photovoltaik eine ähnliche Rolle. Spanien und die USA haben in der Windkraft aufgeholt. Brasilien ist Weltmeister beim Ethanol.

Dabei zeigt das Erneuerbare-Energien-Gesetz, wie sich die Mechanismen des Marktes intelligent nutzen lassen. Es zwingt die großen Energieversorger, Strom aus erneuerbaren Energien abzunehmen. Dadurch wird umweltschädlich erzeugter Strom sukzessive durch Ökostrom ersetzt. Die auf zwanzig Jahre garantierten Abnahmepreise sichern Investitionen in erneuerbare Energien ab und treiben die technischen Innovationen voran. Das Erneuerbare-Energien-Gesetz fördert nicht einfach die Fotovoltaik, sondern Strom, der aus Sonnenlicht gewonnen wird. Findet jemand eine bessere Lösung, steht ihm nichts im Wege. Der Gesetzgeber fördert alle Arten der Wasserkraft – selbst die Salzgradientenkraft. Die Vergütung für Strom aus Erdwärme wurde schon beschlossen, bevor man den ersten Strom in Deutschland aus Erdwärme gewann.

Damit löste der Gesetzgeber eine Flut von Projekten und technischen Entwicklungen aus. Vor allem aber vergütet es das Ergebnis – den erzeugten Strom – und fördert nicht die Anlagen. Damit wird ein großer Anreiz geschaffen, qualitativ hochwertige Technologien einzusetzen, die über viele Jahre zuverlässig Strom erzeugen.

Bau eines Solarkraftwerkes mit Parabolrinnen-Kollektoren.
Foto: Solar Millennium AG

2004 hatte die rot-grüne Bundesregierung sämtliche Biokraftstoffe von der Mineralölsteuer befreit. Bis 2003 galt dieses Privileg nur für Pflanzenöle und Biodiesel als Reinkraftstoffe. Seitdem gilt die Befreiung auch für alle anderen Biokraftstoffe sowie für sämtliche Beimischungen in Höhe des biogenen Anteils. Die Folge war: Der Anteil der Biokraftstoffe, insbesondere des Biodiesels ist stark gestiegen. Die Bedingungen für technische Innovationen haben sich deutlich verbessert. Es wurden umfangreiche Aktivitäten gestartet, wie die Einführung von Flex-Fuel-Fahrzeugen, die Kraftstoffe mit hohem Ethanolanteil fahren können. Synthetische Kraftstoffe wurden weiterentwickelt. Durch den Abbau der Steuerbegünstigung beim Agrardiesel hat sich gleichzeitig die Anreizsituation in der Landwirtschaft deutlich verbessert. Plötzlich wollten die Landwirte ihre Traktoren mit Pflanzenöl fahren. Zuvor war dies durch eine bremsende Förderbürokratie sowie durch die Blockadehaltung der Landmaschinenhersteller verhindert worden. Nun fahren einzelne Traktorhersteller wie John Deere mittlerweile eine offensive Pflanzenölstrategie. Bei der Ethanolbeimischung haben die ökonomischen Anreize bislang nicht genügt. Zu stark war die Position der Mineralölindustrie, die hier blockierte. Als Antwort darauf will die Große Koalition eine Beimischungspflicht oder –quote einführen. Für die Zukunft zeichnet sich ab, dass für Beimischungen von Biokraftstoffen zu fossilen Kraftstoffen die ökonomischen Anreize durch ordnungsrechtliche ersetzt werden. Es bleibt zu hoffen, dass dieser Ansatz nicht auf biogene Reinkraftstoffe übertragen wird. Dann wären auch reine Biokraftstoffe ganz und gar unter der Kontrolle der Mineralölkonzerne.

Das Ordnungsrecht könnte sich auch im Wärmesektor durchsetzen. Steuern spielen hier eine untergeordnete Rolle. Zudem ist kein umspannendes Netz vorhanden, das Einspeisungsregelungen ermöglichen würde. Ein interessantes Vorbild ist Barcelona. In ganz Spanien wird die Installation von thermischen Solaranlagen bei Neubauten vorgeschrieben. Dieser Ansatz wurde dereinst in Berlin entwickelt, scheiterte aber an der Bürokratie und Widerständen in der deutschen Wohnungswirtschaft. Heute dienen die spanischen Erfolge wiederum als Vorzeigeprojekt für andere Länder. Es wird eine der wichtigsten Aufgaben der nächsten Jahre sein, dieses Modell weiterzuentwickeln und politisch auf breiter Ebene durchzusetzen.

Wir haben gesehen, dass ohne den Druck der Märkte aus Ideen und Erfindungen keine Innovationen entstehen. Aber der Weg von der Idee zum Produkt, zum Markt ist weit. Und wer investiert Geld, wenn er nicht weiß, ob er dabei Geld verdient? Investoren sind schwer zu finden. Die deutschen Banken sind beim Risikokapital außerordentlich zurückhaltend. Hinzu kam bei den erneuerbaren Energien das Problem, dass es wenig Erfahrung gab. Doch im Jahr 2005 zeigten einige Solarfirmen, dass sich mit erneuerbaren Energien sogar an der Börse Geld verdienen lässt. Sie gaben Aktien aus, um Kapital einzusammeln. Mittlerweile gibt es einen neuen Einstiegsmarkt an der Deutschen Börse, von dem junge Technologiefirmen profitieren. In den vergangenen Jahren floss viel Geld in die erneuerbaren Energien. Eine neue Gründerzeit scheint angebrochen. Erfolgreiche Solarunternehmen stellen sich durch Firmenkäufe auf dem amerikanischen Markt auf ein internationales Geschäft ein. Die erneuerbaren Energien haben von den politischen Rahmenbedingungen der letzten Jahre profitiert. Als nächstes müssen die Erfolge gefestigt werden.

Steuerliche Anreize reichen nicht aus

Vollkommen unzureichend sind noch die steuerlichen Anreize, um Kapital für Innovationen und junge Firmen locker zu machen. Die Hindernisse sind grundsätzlicher Natur. Das deutsche Steuersystem ist durch Ausnahmeregelungen derart unübersichtlich geworden, dass niemand weitere Ausnahmen verantworten will – auch wenn sie energiepolitisch durchaus wünschenswert sind. Häufig wird Risikokapital (Venture Capital) sogar deutlich schlechter gestellt als andere Geldanlagen. Um den Missbrauch von steuerlichen Vorteilen für Wagniskapital zu verhindern, wurde ein Vorschlag entwickelt, sie in ein novelliertes Unternehmens-beteiligungsgesetz einzubetten. Es wird sicher eine der wichtigsten politischen Entscheidungen der nächsten Jahre sein, diesen Vorschlag umzusetzen. Die ursprünglich grüne Initiative wurde im schwarz-roten Koalitionsvertrag aufgegriffen. Sollte sie gelingen, können auch in Deutschland eine Vielzahl junger Unternehmen wachsen, deren Produkte auch zur Lösung der Energiekrise wichtig wären. In Großbritannien beispielsweise werden junge Unternehmen besonders vorteilhaft besteuert, wenn sie Medikamente entwickeln. Vieles spricht dafür, Firmen zu fördern, die Medizin gegen die Ölverknappung liefern.

Der CIS Service Tower im mittelenglischen Manchester war bis vor kurzem mit Keramikfliesen verkleidet. Nun hat Sharp dort Europas größte Solarfassade angebaut. Foto: Sharp

In den Achtzigern des letzten Jahrhunderts versuchten Wissenschaftler ein gigantisches Windrad zu entwickeln, die Großwindkraftanlage, den sogenannten Growian. Der Growian wurde zum Lehrstück, wie weltfremd der Ansatz ist, ohne ausreichende Erfahrungen in neue Dimensionen hineinzuentwickeln. Der Growian lief nur kurz, dann war er kaputt. Es hat fast zwanzig Jahre gedauert, bis die Entwickler der Windkraftunternehmen ähnlich große Anlagen bauten, die dann aber auch funktionierten und in Serie hergestellt wurden. Auf dem Weg dahin wurden in der Praxis viele Erfahrungen gesammelt und auch viel Lehrgeld gezahlt. Die besten Technologien haben sich dabei durchgesetzt. Niemand konnte Ende der achtziger und Anfang der neunziger Jahre wissen, welche Technologie sich durchsetzen wird. Wenn nicht zunächst die USA, dann

Dänemark und dann Deutschland politische Rahmenbedingungen geschaffen hätten, wäre die Windenergie noch immer eine Technologie für Bastler, über die sich – fast – alle lustig machen.

Man sollte also die Rolle des Marktes als Motor von Innovation nicht unterschätzen. Die USA investieren in die Erforschung erneuerbarer Energien das Vielfache dessen, was Deutschland ausgibt. Dennoch wurde die Windenergie in Dänemark und Deutschland entwickelt, da hier Märkte für diese Technologien entstanden. In der Fotovoltaik lag Deutschland Mitte der 90er-Jahre mit dem Tausend-Dächer-Programm industriell gut im Rennen. Als dieser Markt ersatzlos wegfiel, brach die deutsche Fotovoltaikindustrie zusammen oder wanderte ins Ausland ab, denn Japan legte ein 70.000-Dächer-Programm auf und wurde Weltmarktführer. Erst mit dem 100.000-Dächer-Programm und dem Erneuerbare-Energien-Gesetz startete Deutschland die Aufholjagd.

Entscheidend ist also nicht das Labor, sondern der Markt: Als besonders viel versprechend wurden in den letzten Jahren die Solarmodule mit Dünnschichttechnik gepriesen. Dabei werden hauchfeine, lichtempfindliche Halbleiterschichten auf Glas aufgebracht. Dies ist eine wahre Kunst, die man im Labor vielleicht beherrschen mag. Die Herstellung großer Module in der Serienfabrikation ist eine ganz andere Sache. Diese Aufgabe ist so schwierig, dass daran schon einige Firmen scheiterten. Später ist es zwar geglückt, aber die Solarzellen warfen deutlich weniger Strom ab. Doch die Pioniere sammeln nicht nur Lehrgeld sondern auch wichtige Erfahrungen. Einiges spricht für sich, dass die Dünnschichttechnologie bald einen echten Durchbruch erzielt. Festzuhalten bleibt: ohne Markt, keine Serienproduktion – ohne Serienproduktion keine Erfahrung in der Übertragung der Laborergebnisse und folglich keine Dünnschichttechnologie. Ein reiner Forschungsansatz wäre hier völlig zum Scheitern verurteilt.

Auch die Entwicklung der herkömmlichen Siliziumtechnik widerlegt die Auffassung, dass staatliche Förderung den Markt ersetzen könne. Bei poly- und monokristallinen Solarzellen beispielsweise sind die Unternehmen auf Wafer aus Silizium angewiesen. Silizium gibt es zwar sprichwörtlich wie Sand am Meer, aber nicht in der für die Fotovoltaik nutzbaren Form. Weil die Nachfrage nach Solarzellen sprunghaft angestiegen ist und das Silizium knapp wurde, investieren die Siliziumhersteller in neue Kapazitäten mit teilweise gänzlich neuen Produktionsverfahren. Welche sich am Ende durchsetzen wird, wird der Markt erweisen. Ohne einen großen Markt für Fotovoltaikmodule hätten die Siliziumlieferanten nie einen Anreiz gehabt, Millionen Euro in die Hand zu nehmen und in neue Technologien zu investieren.

Trotz aller Erfolge gibt es noch immer Technologie- und Innovationsfeindlichkeit in unserem Lande. Die Skeptiker finden sich in Konzernzentralen und unter ihnen nahe stehenden Wirtschaftswissenschaftlern.

Sie haben sich eine besonders raffinierte Argumentation ausgedacht, um Zukunftstechnologien zu blockieren, die ihnen quer kommen. Sie argumentieren, man solle im Kampf gegen den Klimawandel alle Mittel auf die kosteneffizientesten Maßnahmen konzentrieren. Übersetzt heißt dies, alles Geld in die Wärmedämmung – sprich Styropor und Mineralwolle – zu investieren. Technologien, die heute noch nicht wettbewerbsfähig sind, sollten solange in den Laboren verharren, bis sie ausgereift sind.

Solaranlage im nordafrikanischen Königreich Marokko, wo die Sonne an 300 Tagen im Jahr scheint. Foto: Total Energie

Auch die vielen Anwendungen tragen zur Entwicklung der Solarenergie bei: In Deutschland wird Solarstrom vor allem ins Netz eingespeist. In anderen Ländern ersetzt man damit teure Dieselmotoren oder erzeugt Licht für Schulen. In der Türkei könnten Solarboote schon bald unzählige stinkende und lärmende Dieselboote ersetzen – zu wettbewerbsfähigen Preisen. Dies wäre völlig undenkbar, wenn es nicht eine globale Nachfrage nach Solarmodulen gäbe, die die Preise deutlich gesenkt hat. Spätestens wenn der Siliziummangel behoben ist, werden die Modulpreise weiter sinken und viele Anwendungen wirtschaftlich werden. Dadurch wächst der Markt weiter.

Deutschland ist ein reiches Land. Es verfügt wie nur wenige Länder über Bürger, die sich seit Jahrzehnten intensiv mit Umweltproblemen beschäftigen. Entgegen allen Unkenrufen sind die Deutschen nicht technikfeindlich. Ohne breites bürgerschaftliches Engagement mit Zeit und Geld wäre weder Deutschlands Vorreiterrolle bei der Windenergie noch bei der Fotovoltaik denkbar. Gleiches gilt für die Bioenergie und die Geothermie. Das Erneuerbare-Energien-Gesetz kann mit Fug und Recht als Bürgergesetz bezeichnet werden, denn es löste eine enorme Zahl von regionalen und lokalen Initiativen aus. Der Staat allein kann es nicht richten. Aber seine Bürger haben es in der Hand, die erneuerbaren Energien sehr früh zu unterstützen. Eine Reihe von jungen Technologieunternehmen bieten Beteiligungsmöglichkeiten an. Des Weiteren können sich Bürger mit grünem Strom und in Spendenmodellen engagieren. So können sie Solarzellen auf einer Schule fördern. Aus den Einnahmen der Anlage können interessante Schulprojekte finanziert werden, wovon auch die Kinder oder Enkel der Spender profitieren. Zugleich kann die Solaranlage in den Unterricht einbezogen werden. Eine doppelte Nutzung ergibt sich bei Geldanlagen in Projekte, aus deren Gewinn Entwicklungshilfe finanziert wird. Wer will, kann seine Schwerpunkte auf innovative Technologien setzen. Besonders fortschrittliche Ideen befinden sich häufig im Erprobungsstadium und werden nicht in Serie produziert. Folglich sind die Risiken und die Kosten eines Engagements höher. Solche Spendenmodelle – in welcher Form auch immer – können nicht dazu beitragen, dass eine Technologie den Markt durchdringt. Aber sie können einen Prototypen zur Kleinserie bringen. Das ist ein wichtiger Schritt.

Ein fantastisches Innovationsinstrument, das in Deutschland viel zu wenig angewandt wird, ist die private Ausschreibung von Preisen. In den USA werden immer wieder hohe Prämien dafür ausgesetzt, bestimmte technologische Ziele zu überschreiten. Die wohl bekanntesten Beispiele aus der jüngsten Zeit sind der X-Price, für den ersten privaten Flug ins Weltall sowie ein Preis für das erste Fahrzeug, das ohne Fahrer eine größere Strecke zurücklegen kann. In beiden Fällen gab es konkurrierende Teams, die jeweils gesponsert wurden. Der X-Price wurde mittlerweile vergeben. Das erste Wüsten-Wettrennen autonomer Autos in den USA blieb noch ohne Sieger, da kein Wagen das Ziel erreichte. Doch schon beim zweiten Rennen kamen gleich mehrere Fahrzeuge ins Ziel. Ganze zwei Millionen US-Dollar wurden für den Preis ausgeschrieben, nachdem das US-Militär zuvor schon 500 Millionen Euro in eigene Entwicklungen investiert hatte – ohne Erfolg!

Denkbar wäre zum Beispiel ein Preis für die Technologie, die auch bei niedrigen Temperaturen Strom mit Wirkungsgraden gewinnt, die deutlich über den heutigen liegen. Oder wie wäre es mit einem Preis für ein verkehrssicheres Zweirad mit Elektromotor, das eine Batterieladung für ein Maximum an Strecke und ein Minimum an Zeit zur Verfügung hat? In einem Modellbauwettbewerb zwischen Universitäten oder Schulen könnten Solarboote entstehen, die bestimmte technologische Vorgaben erfüllen müssten. Hier sind viele Innovationen bis hin zur Nano- und Biotechnologie denkbar. Ein solcher Wettbewerb könnte ähnlich faszinierend sein, wie die bekannten Fußballmeisterschaften der Roboterhunde. Denkbar wäre auch eine Kiting-Regatta, in der Schiffe mit Zugdrachen statt mit Segeln antreten. Spannend wäre auch ein Preis für das Zugdrachen-Segelboot, das als erstes einen Americas-Cup-Gewinner schlägt. Außer Geld sind andere Anreize denkbar, etwa Unternehmensbeteiligungen.

Ebenfalls aus den USA kommen die Förderprogramme von Unternehmen. So gibt Google Mitarbeitern einen Zuschuss, wenn diese Hybridautos kaufen. Warum sollten deutsche Unternehmen keine Zuschüsse geben, wenn – verdiente – Mitarbeiter einen neuartigen Elektroroller oder eine innovative Stirling-Pellet-Heizung kaufen, die neben Wärme auch Strom produziert?

Was fehlt: eine Denkfabrik für erneuerbare Energien

Doch es fehlt noch etwas – etwas Entscheidendes. Es fehlt das, was im angelsächsischen Raum als Denkfabrik (Think Tank) bezeichnet wird. Das deutsche Öko-Institut füllte bis zum Beginn der 90er-Jahre diese Rolle aus. Allerdings hat es zur Energieeffizienz geforscht, nie zu den erneuerbaren Energien. Auch andere Institute konnten nur einen kleinen Teil des Themas abdecken und blieben oft auf halber Strecke stecken. Dabei geht es nicht nur um technische Innovationen. Eine solche Denkfabrik müsste die strategische Palette der Instrumente einer Energiewende abdecken.

Diese Lücke klafft so breit, dass Anfang dieses Jahrzehnts konservative Strategen die Hoheit übernahmen. Eine ihrer cleversten Ideen war der Handel mit den Emissionsrechten für Kohlendioxid. Sharon Bader zeigt in ihrem Buch „Global Spin" auf, wie sie diese Idee in der Politik salonfähig machten. Es scheint eine Ironie zu sein, dass ihnen viele Umweltinstitute, Umweltverbände und auch Teile der Grünen gefolgt sind. Der Emissionshandel ist ein schwaches Instrument für den Klimaschutz, aber eine starke ideologische Waffe gegen funktionierende Instrumente wie Einspeisungsregelungen. Gegenwehr hat es – außer von Eurosolar – nicht gegeben. Doch auch Eurosolar gelang es nicht, ein tragbares Gegenkonstrukt aufzubauen, um die internationale Auseinandersetzung erfolgreich zu führen. Es ist an der Zeit, eine Denkfabrik zu etablieren, die umfassende Instrumente, Strategien und Szenarien für eine vollständig regenerative Energiewirtschaft entwickelt und gegen die Gegner in Wirtschaft, Politik und Wissenschaft verteidigt.

Die jüngsten Erfolge der Erneuerbaren-Energien-Branche bieten die Chance, dass sich Unternehmer persönlich engagieren. Der SAP-Gründer Hasso Plattner hat es vorgemacht, er steckt große Summe in Institute und viel versprechende junge Unternehmen. Noch ist dieses Engagement für Deutschland ungewöhnlich – ganz im Gegensatz zu den USA. Stellen wir uns einmal vor, dass es schon in wenigen Jahren zum guten Ton unter den Solarunternehmern gehören könnte, einen Teil der Gewinne in eine Denkfabrik für erneuerbare Energien einzubringen. Anderswo wäre das Geld nicht besser angelegt. Oder die Firmen schreiben interessante Preise aus, errichten Stiftungen und Lehrstühle. Dieser

Schwung könnte schnell eine ungeheure Dynamik erzeugen. Erste Stiftungslehrstühle für erneuerbare Energien gibt es schon. Der Anfang ist gemacht.

Die Schwäche der erneuerbaren Energien war lange Zeit, dass sie die Energien der Bürger und nicht die der Konzerne sind. Das Erfolgsgeheimnis der letzten Jahre war, aus dieser Schwäche eine Stärke zu machen. Konzerne und ihnen nahe stehende prestigesüchtige Politiker setzen auf Großkraftwerke, die etwas darstellen und mit denen der Geld-Strom gelenkt werden kann. Doch die Zeit der Monopole ist in vielen Ländern vorbei und auch die Oligopole werden nach und nach verschwinden, wenn die Bürger ihre Energie-Zukunft in die eigene Hand nehmen. Die Konzerne und viele Regierungen haben versagt. Manche Politiker haben das schon erkannt. Noch viel zu wenig erkannt ist, dass das weltweite Streben nach erneuerbaren Energien auch ein Streben nach bürgerlichen Freiheitsrechten ist. Dies zeigt sich in jedem Land, in dem darum gestritten wird, ob neue Atomkraftwerke gebaut werden, die nur dem Prestige und wenigen Taschen dienen oder der Weg für die erneuerbaren Energien und unzählige neue Unternehmen freigemacht wird. Es geht hier um nicht mehr und nicht weniger als um die Selbstbestimmung bei der Sicherung unserer Lebensgrundlagen. Wir alle können uns an diesem Streben beteiligen. Jeder hat mehrere Hebel in der Hand. Wir müssen nur daran ziehen.

Wachstum mit der Sonne

**Bis 2020 könnten die erneuerbaren Energien alle
veralteten Großkraftwerke in Deutschland ersetzen**

Von Harry Lehmann und Stefan Peter

Heute herrscht weitgehend Einigkeit darüber, dass der Mensch das Klima nachhaltig beeinflusst. Dies bezeugen viele der extremen Wetterphänomene der letzten Jahre. Auch Deutschland bleibt davon nicht verschont. Stärker als die Häufigkeit und Wucht der Wetterextreme steigen die dadurch verursachten Schäden. Im Vergleich zu den 60er-Jahren stiegen die volkswirtschaftlichen Schäden im letzten Jahrzehnt auf das Sechsfache, während starke Stürme und Überschwemmungen etwa doppelt bis dreifach so häufig waren. Ab dem Jahr 2050 könnten die volkswirtschaftlichen Schäden weltweit mehrere tausend Milliarden Euro pro Jahr betragen, wenn die Freisetzung von Treibhausgasen weiter geht wie bisher. Diese Zahlen hat das Deutsche Institut für Wirtschaftsforschung (DIW) ermittelt. Allein in Deutschland wäre mit Schäden von mehr als 100 Milliarden Euro pro Jahr zu rechnen.

Die Wahrscheinlichkeit plötzlicher und unumkehrbarer Veränderungen des Klimas steigt mit dem Ausmaß der Störungen der Biosphäre und des Wasserhaushalts, und damit mit der globalen Temperaturerhöhung. Bei einem Temperaturanstieg von zwei Grad Celsius bis 2100 muss mit dramatischen Auswirkungen gerechnet werden. Neueste Berechnungen gehen von einer Temperaturerhöhung oberhalb von vier Grad Celsius bis 2100 aus. Um diesem Trend entgegenzuwirken und die Folgeschäden zu beherrschen, müssen die weltweiten Treibhausgasemissionen bis 2050 auf die Hälfte des heutigen Niveaus reduziert werden. Für die Industrienationen – als Hauptverursacher – bedeutet dies, dass sie bis 2050 eine Reduktion der Treibhausgasemissionen um achtzig Prozent – ausgehend von den Werten des Jahres 1990 – erreichen müssen.

Wie eine Gesellschaft aussieht, die diese Herausforderungen bestehen kann, wurde oft diskutiert. Entsprechende Vorschläge wurden kaum umgesetzt. Will man die Emissionen von Treibhausgasen wie oben beschrieben senken, müssen Rohstoffeinsatz und Verbrauch fossil erzeugter Energie der Menschheit auf ein Zehntel schrumpfen. Rohstoffe und

Energie müssen weitgehend aus erneuerbaren Ressourcen kommen. Die Böden müssen so bewirtschaftet werden, dass ihre Fruchtbarkeit erhalten bleibt. Wir müssen uns fragen, ob wir den gegenwärtigen Wohlstand in den Industrienationen tatsächlich fortführen können wie bisher.

Insbesondere in der Energiewirtschaft muss die Umstellung auf erneuerbare Ressourcen rasch erfolgen. Neben dem Klimawandel gibt es weitere, gewichtige Gründe für eine Abkehr von fossilen und nuklearen Energieträgern. Die heutige Energiewirtschaft auf Basis fossiler Reserven führt zwangsläufig dazu, diese Ressourcen zu erschöpfen. Das zwingt künftige Generationen, ohne Treibstoff und wichtige Grundstoffe in der chemischen und pharmazeutischen Industrie auszukommen. Eine zukunftsfähige Energieversorgung wird sich auf erneuerbare Energien, die effiziente Nutzung der Ressourcen und eine bewusste Begrenzung des Konsums stützen müssen. Diese Selbstbeschränkung im Lebensstandard bezeichnet man als Suffizienz. Sonne, Effizienz und Suffizienz sind drei Eckpfeiler einer zukunftsfähigen Energiewirtschaft.

Anlage in Almeria zur Dampferzeugung mit Sonnenenergie, die in Parabolrinnen gebündelt wird. Foto: DLR

Die meisten dafür benötigten Technologien sind bereits entwickelt und erprobt. Zum jetzigen Zeitpunkt stellen sich folgende Fragen: Wie können regenerative Energien in die existierenden Energiesysteme und in die einzelnen Länder mit einem ausreichend hohen Verbreitungsgrad integriert werden? Wie kommen wir dorthin? Wie hoch sind die Kosten und der Nutzen einer solchen Strategie? Welche weiteren ökonomischen, ökologischen und sozialen Ziele können realisiert werden? Welches sind die wesentlichen Hindernisse und Hemmnisse für eine solche Entwicklung? Die Strukturen der nachhaltigen Energieversorgung waren in den vergangenen Jahren Gegenstand vielfältiger Szenarien und Untersuchungen, etwa durch eine Kommission des Deutschen Bundestages, die sich mit der Energieversorgung unter den Bedingungen der Globalisierung und der Liberalisierung beschäftigte. Das Projekt Energy Rich Japan zeigte auf, dass sich der fernöstliche Inselstaat vollständig aus regenerativen Energien versorgen könnte. Die Studie „Erneuerbare Energien und Kraft-Wärme-Kopplung für den Ersatz überalterter Kraftwerke in Deutschland" wies einen Weg, wie die alten deutschen Kraftwerke bis 2020 ausschließlich durch erneuerbare Energien ersetzt werden können.

Im Februar 2000 setzte der Bundestag eine Enquete-Kommission zur nachhaltigen Energieversorgung ein, um energiepolitische Entscheidungen wissenschaftlich vorzubereiten. Die Kommission sollte für den Zeitraum bis 2050 robuste und zukunftsfähige Entwicklungspfade im Energiesektor und politische Handlungsmöglichkeiten ausloten, unter dem Eindruck zunehmender Globalisierung und Liberalisierung. Insgesamt wurden 14 Szenarien berechnet – alle unter der Maßgabe der notwendigen Klimaschutzziele. Drei Hauptszenarien stehen repräsentativ für die grundsätzlichen Entwicklungslinien einer zukünftigen Energieversorgung: Im Szenario „Umwandlungseffizienz" wird eine Strategie der forcierten Steigerung der Effizienz in der Energieumwandlung und Energieanwendung gewählt – unter Ausschluss der Kernenergie. Für die weitere Nutzung fossiler Energieträger – allen voran die Kohle – wurde zugelassen, dass Kohlendioxid nach der Verbrennung aufgefangen und in riesigen unterirdischen Speichern endgelagert wird.

Im Szenario „Reg/Ren-Offensive" läuft die Kernkraft bis 2030 vollständig aus. Die fossilen Energieträger werden bis 2050 soweit eingeschränkt, dass die Klimaschutzziele erreicht werden können. Dagegen werden Energieeffizienz und erneuerbare Energiequellen massiv forciert. Laut Vorgabe sollen erneuerbare Energiequellen im Jahr 2050 mindestens fünfzig Prozent zum Primärenergieverbrauch beitragen. Zusätzlich wurde eine Variante „Solare Vollversorgung" modelliert, in der die erneuerbaren Energien bis 2050 den gesamten Energiebedarf Deutschlands decken. Unter dem Eindruck der Terroranschläge auf die New Yorker Twin Towers am 11. September 2001 berechneten die Forscher eine weitere Variante, die einen kurzfristigen Ausbau der Kernenergie beinhaltet.

Im Szenario „Fossil-nuklearer Energiemix" wird die Kernenergie weiterhin genutzt und ausgebaut. Erneuerbare Energien und Energieeffizienz werden nicht gezielt gefördert. Die Abtrennung und Endlagerung von Kohlendioxid wird ebenfalls zugelassen.

Analysiert man die Szenarien, so steht fest: Deutschland kann auf die Kernkraft verzichten. Kohle kann nur dann eine maßgebliche Rolle spielen, wenn das Kohlendioxid abgetrennt und dauerhaft gespeichert wird, zu vertretbaren Kosten. Erdgas nimmt in einigen Szenarien eine wichtige Brückenfunktion beim endgültigen Übergang zu kohlendioxidfreien Energieträgern ein. Das Szenario „Reg/Ren-Offensive" ist ein Entwicklungspfad, der auch für Zeiträume nach 2050 weitere Entfaltungsmöglichkeiten zulässt. Um es einmal klar zu sagen: Eine solare Vollversorgung ist möglich. Deutschland kann seinen gesamten Energieverbrauch durch die Sonne decken.

Dieser Röhrenkollektor sammelt Sonnenwärme. Foto: Schott Solar

Die Kommission kommt zu dem Ergebnis, dass eine Reduktion der Treibhausgasemissionen bis 2050 um achtzig Prozent gegenüber 1990 technisch und wirtschaftlich realisierbar ist. Sämtliche untersuchten Technologien erlauben es, diese ehrgeizigen Ziele zu erreichen. Ein effizienteres Energiesystem, das sich ausschließlich aus regenerativen Quellen speist, ist eine realistische Option und keine Sackgasse: Sogar die weitgehende oder vollständige Versorgung Deutschlands aus erneuerbaren Energiequellen ist in einem hocheffizienten Energiesystem möglich. Es lassen sich drei Trends ausmachen, die allen Szenarien gemeinsam sind: regenerative Energien, rationelle Energieverwendung und ein neuer Sekundärenergieträger werden in Zukunft eine wichtige Rolle spielen.

Alle Szenarien beinhalten Effizienzsteigerungen. Wichtige Einsparpotenziale liegen im gesamten Gebäudebestand, vor allem bei Altbauten. Diese sollten, aufgrund der Langlebigkeit von Gebäuden und der langen Sanierungsintervalle, möglichst ab sofort erschlossen werden. Die Sanierungsziele sind technisch und, bei günstigen Rahmenbedingungen, zumeist auch wirtschaftlich erreichbar. In den Szenarien werden als Ziel im Jahr 2050 energetische Sanierungsraten von 1,3 Prozent bis zu 2,5 Prozent angenommen. Damit liegen sie deutlich über dem heutigen Niveau von einem halben Prozent pro Jahr.

Alle Szenarien beinhalten den verstärkten Einsatz der regenerativen Energieträger. Besonders fällt ins Auge, dass auch im fossil-nuklearen Szenario die erneuerbaren Energien ausgebaut werden müssen, wenn die Ziele zum Schutz des Klimas erreicht werden sollen. Die Modellrechnung zeigt auch, dass die erneuerbaren Technologien durch den staatlich subventionierten und riskanten Atomstrom behindert werden. Baut man mehr Atomkraftwerke, können die erneuerbaren Energien erst spät ein Marktvolumen erreichen, dass deutliche Kostensenkungen ermöglicht. Die Kommission hat deshalb empfohlen, Anreize wie das Einspeisegesetz für erneuerbare Energien, billige Kredite und Förderprogramme der Bundesländer langfristig fortzuführen.

Der Mix der erneuerbaren Energien in den Szenarien resultiert aus Kostengesichtspunkten oder wurde aufgrund von Expertenschätzungen vorgegeben. Nach Ansicht der Kommission wird insbesondere eine Energiewirtschaft, die auf erneuerbare Energieträger baut, ihren Mix daran orientieren müssen, dass die Versorgung gesichert ist.

In allen Szenarien wird spätestens 2050 der Wasserstoff als neuer Sekundärenergieträger eingeführt. Er kann emissionsfrei Energie liefern. Noch ist die Wasserstofftechnologie nicht ausgereift. Erhebliche Anstrengungen sind notwendig, um ein nachhaltiges Energiesystem zu erreichen, das dem Klimaschutz entspricht. Wenn der Wasserstoff ein zentraler Baustein für den Wandel zu einer klimafreundlichen Energiewirtschaft sein soll, sind dafür frühzeitig politische Weichenstellungen notwendig.

Die Kommission kam zu der Überzeugung, dass nur ein Szenario als nachhaltig bezeichnet werden kann, das einen massiven Ausbau der erneuerbaren Energien vorsieht. Die Hauptaufgabe der Energiepolitik ist es, die Energiewirtschaft und neue Akteure in diesem Prozess zu begleiten und zu fördern.

In Japan geht die Sonne auf

Japan bezeichnet man manchmal als Land der aufgehenden Sonne. Das Ziel der Studie „Energy Rich Japan" war es, zu zeigen, dass Japan in der Lage ist, seinen kompletten Energieeigenbedarf aus erneuerbaren Energien zu decken. Japan ist ein stark industrialisierter Inselstaat mit einer Bevölkerung von 127 Millionen Menschen. Zugleich ist es eine der führenden Wirtschaftsnationen, deren Industrie als ausgesprochen energieeffizient gilt.

Aufgrund der geringen einheimischen Vorräte von Erdöl, Erdgas oder Kohle war Japan stets zu einem sparsamen Energieverbrauch gezwungen. Der Energiebedarf dieses Wirtschaftsriesen wird hauptsächlich durch den Import nuklearer und fossiler Brennstoffe bestritten, aufgestockt mit etwas Öl und Gas aus heimischer Produktion, ergänzt durch Erdwärme und Wasserkraft. Der japanische Energiebedarf lag 1999 bei 22,950 Petajoule. Achtzig Prozent (18,500 Petajoule) davon wurden als nukleare und fossile Brennstoffe importiert.

Diese Solarfassade bringt deutlich mehr Ertrag, weil das vorgelagerte Wasserbecken die Module kühlt. Foto: SunTechnics

Der Bericht „Energy Rich Japan" zeigt, dass eine kluge Kombination der sparsamsten Technologien und massive Investitionen in erneuerbare Energien dazu beitragen könnten, Japans Energiebedarf vollständig aus erneuerbaren Quellen zu decken. Japan kann auf teure und umweltschädliche Brennstoffimporte verzichten. Statt Energiesicherheit in einem extrem teuren und riskanten Atomprogramm zu suchen, könnte Japan den eigenen erneuerbaren Energiesektor ausbauen. Als energiehungriges und ressourcenarmes Land könnte Japan diese Umstellung zu sauberer, erneuerbarer Energie bewältigen, ohne Einschränkungen im Lebensstandard oder in der industriellen Kapazität.

Der Energiebedarf Japans könnte um die Hälfte reduziert werden, wenn bereits heute verfügbare Technologien zur Verbrauchssenkung in großem Maßstab eingesetzt werden. Fast vierzig Prozent des Energiebedarfs der Industrie, mehr als die Hälfte in privaten Haushalten und Gewerbe und etwa siebzig Prozent im Transportsektor lassen sich einsparen.

Die Studie beschreibt darüber hinaus sechs Szenarien, die verschiedene Optionen zur Versorgung Japans aus erneuerbaren Energien aufzeigen. Angefangen mit einem Basis Szenario, das über 50 Prozent des gesamten Energiebedarfs aus einheimischen erneuerbaren Energiequellen deckt, bieten die folgenden Szenarien verschiedene Variationen an, die zu einer weiteren Verringerung der Energieimporte führen. Werden die Bevölkerungsentwicklung und zu erwartende Verbesserungen der regenerativen Energien einbezogen, führt dies dazu, dass Japan auf sämtliche Energieimporte verzichten kann.

Da Versorgungssicherheit im Elektrizitätssektor am wichtigsten ist – Erzeugung und Verbrauch müssen jederzeit übereinstimmen – wurde das japanische Elektrizitätssystem und ein Teil der Wärmeversorgung simuliert. Basierend auf mehr als 250 Wetter-Datensätzen konnte das dynamische Verhalten eines regenerativen Versorgungssystems für Japan berechnet werden, mit einer Auflösung von fünfzehn Minuten. Diese Simulation wurde auch verwendet, um den Kraftwerkspark zu optimieren.

Kraftwerkstod in Deutschland

Da der Schwerpunkt der Studie auf dem Nachweis der Funktionsfähigkeit einer voll regenerativen Energieversorgung Japans lag, wurde bewusst auf Angaben zu den Kosten und den Zeiträumen verzichtet, die zum Aufbau eines solchen Systems notwendig sind. Die Umstellung der japanischen Energieversorgung auf erneuerbare Energien muss nicht auf die im Bericht beschriebenen Ideen beschränkt bleiben. Andere Systeme, andere technologische Kombinationen sind möglich. Japan verfügt über ausreichend Windressourcen, Erdwärme und Sonnenlicht, um sich daraus zu versorgen. Die entscheidenden Faktoren werden die öffentliche Akzeptanz, die Prioritäten der Energiepolitik, internationale Verpflichtungen und die zukünftige Entwicklung der erneuerbaren Energien sein.

Viele der deutschen Kraftwerke werden innerhalb der nächsten 15 Jahre ihre erwartete Lebensdauer erreichen. Davon betroffen ist etwa die Hälfte der heutigen Stromerzeugungskapazität, die bis 2020 ersetzt werden müsste. Die Studie „Erneuerbare Energien und Kraft-Wärme-Kopplung für den Ersatz überalterter Kraftwerke in Deutschland" hat analysiert, inwieweit der in ihrem Titel vorgeschlagene Weg eine Option für politisches und wirtschaftliches Handeln sein könnte.

Der Grundgedanke dabei ist, den Ersatzbedarf an Kraftwerken zu nutzen, um die notwendigen Investitionen in den Ausbau erneuerbarer Energien zu lenken. Dabei wird berücksichtigt, dass bessere fossile Kraftwerke oder Technologien zur Abscheidung und Deponierung von Treibhausgasen weder die Aufzehrung der fossilen Energieträger mindern, noch einen langfristigen Beitrag zur Energieversorgung leisten können. Die Frage ist: Wie kann man verhindern, dass sich Milliardeninvestitionen langfristig in der falschen Kraftwerkstechnologie binden?

Der bisherige Ausbau der erneuerbaren Energien richtete sich stark auf die Windenergie. Sowohl die Photovoltaik, als auch die Biomasse blieben demgegenüber stark zurück. Erdwärme für die Stromerzeugung blieb weitgehend unbeachtet, so dass das erste geothermische Kraftwerk in Deutschland erst 2003 in Probebetrieb ging. So unterschiedlich die installierten Kapazitäten für Windenergie und Photovoltaik auch sind, zeigen sich langfristig doch bereits Grenzen des Wachstums. Selbst wenn die Windenergie so weiter wächst wie im Jahr 2003, wäre zur Aufrechterhaltung dieses Wachstums bereits 2010 ein jährlicher Zubau von mehr als zehn Milliarden Watt nötig, zusätzlich zu den beinahe 48 Milliarden Watt, die bis Ende 2009 erreicht wären. Bezieht man sich für die Photovoltaik auf das Wachstum von 2002, würde ein jährlicher Zubau von fast zehn Gigawatt im Jahr 2015 erreicht, womit Ende 2015 eine insgesamt installierte Kapazität von mehr als 31 Gigawatt erreicht würde. Für den deutschen Binnenmarkt wäre der Aufbau der dazu benötigten Produktionskapazitäten für Solarzellen, Solaranlagen und Komponenten wirtschaftlich nicht darstellbar.

Ein anderes Bild zeigt sich bei der Biomasse: Hier scheint eine Fortschreibung der Wachstumsraten bis 2020 durchaus realistisch. Beim Ersatz der deutschen Kraftwerke muss es das Ziel sein, die erneuerbaren Energien auszubauen. Das notwendige Instrument zur Steuerung einer solchen Entwicklung, das Einspeisegesetz, ist bereits vorhanden. Es gilt, die erneuerbaren Energien auf möglichst breiter Basis zu nutzen, da nur ein ausgewogener Mix an Technologien und erneuerbaren Energielieferanten zu einer regenerativen Energieversorgung führen kann. Ein besseres technologisches Gleichgewicht kann erreicht werden, wenn die Wachstumsraten der Photovoltaik während der letzten Jahre über mindestens sechs Jahre hinweg stabilisiert werden; die Biomasse deutlich zulegt – auf ein Jahreswachstum von rund 36 Prozent bis 2010 – und die Geothermie für die Stromerzeugung zügig vorangebracht wird, damit sie zwischen 2010 bis 2020 ein ähnliches Wachstum zeigt, wie die Windenergie in den 1990er-Jahren. Dann sind die erneuerbaren Energien in der Lage, die alten Kraftwerke bis 2020 größtenteils zu ersetzen.

Servicepavillon und Aufladestation für Solarkatamarane auf der Badeinsel Steinhude.
Foto: Solon AG, Gerhard Zwickert

Die hier vorgestellten Entwicklungswege sind optimistische, aber durchaus realisierbare Annahmen. Unter den Bedingungen des freien Marktes werden sie kaum zu verwirklichen sein, denn im Markt regiert die kurzfristige Rendite. Es wird die Aufgabe der Politik sein, die richtigen Rahmenbedingungen zu schaffen, um jetzt die sich bietende Chance zum Einstieg in eine zukunftsfähige Energiewirtschaft zu nutzen. Technologisch gesehen gibt es kaum Hindernisse. Der Gebäudebestand ist ein Schlüsselbereich, der bald angegangen werden muss. Jedes heute neu zu bauende oder zu renovierende Haus ohne ausreichende Verbesserung seiner Energieeffizienz und der Nutzung solarer Gewinne wird für die nächsten Jahrzehnte zu einem zusätzlichen Hemmnis beitragen.

Forschung und Entwicklung haben erneuerbare und effiziente Energietechnologien für eine dauerhafte Energieversorgung geschaffen. Politik und Wirtschaft müssen nun die Maßnahmen ergreifen, um eine Sonnenstrategie zu realisieren. Die wichtigste Maßnahme ist, sofort anzufangen. Jeder Tag, der vergeht, ohne dass diese verwirklicht wird, macht das Problem größer und schwieriger – weil der Energieverbrauch weiter steigt, weil erhebliche Mittel weiterhin in ein fossiles Energiesystem investiert werden, und weil immer später damit begonnen wird, das Klimaproblem tatsächlich zu lösen.

Sonnige Geschäfte

Binnen weniger Jahre hat sich ein starker Weltmarkt für Photovoltaik etabliert – mit deutschen Unternehmen an der Spitze

Von Winfried Hoffmann, Gerold Kerkhoff und Lars Waldmann

Elektrischen Strom aus dem Licht der Sonne zu gewinnen, diese Idee ist nicht neu: Die ersten Solarzellen wurden bereits Ende der 1950er entwickelt. Doch der Durchbruch in der Solarforschung kam erst in den 60er-Jahren. Den entscheidenden Impuls gab die Raumfahrt. Die Satelliten brauchten eine extrem zuverlässige Energieversorgung, die nicht viel wiegen durfte. Solarstrom bot die ideale Lösung. So entstanden die typischen Solarsegel, die auch heute Stand der Technik sind. Inzwischen kreisen Tausende von solarbetriebenen Satelliten um die Erde.

Die Nutzung von Solarstrom auf der Erde begann mit Kleinanwendungen, wie solarbetriebenen Taschenrechnern, die keine Batterie mehr brauchen. In den 80er-Jahren wurden – vor allem in den USA – Solarstromanlagen erstmals zur autarken Versorgung abgelegener Häuser eingesetzt, deren Bewohner eine umweltfreundliche Alternative oder eine Ergänzung zu ihren Dieselaggregaten suchten. In den 90er-Jahren brachten öffentliche Förderprogramme in einigen Schlüsselländern einen weiteren Schub für die Nachfrage. Durch den parallelen Aufbau von industrieller Serienfertigung wurden die Herstellungskosten konsequent gesenkt und somit mehr Marktsegmente erschlossen.

Wenngleich die Solartechnologie schon seit Mitte des vorigen Jahrhunderts die Marktreife erreicht hatte, standen die hohen Stromgestehungskosten und Investitionen lange Zeit einer massenhaften Kommerzialisierung im Wege. Unter Stromgestehungskosten versteht man die Kosten, die zur Erzeugung einer Kilowattstunde Strom aufgewendet werden. Dennoch gab es im Marktsegment für netzferne Anlagen bereits seit den 80ern eine Vielzahl von Projekten, in denen sich die Erzeugung von Strom aus Sonnenlicht wirtschaftlich rechnete. Unter netzfernen Anlagen versteht man Solartechnik, die nicht mit dem öffentlichen Stromnetz verbunden ist. Dazu zählen Sendestationen der Telekommunikation oder Überwachungsgeräte für Pipelines, die fernab der Zivilisation stehen und nur mit großem Aufwand an ein Stromnetz angeschlossen werden können. Die Installation einer Photovoltaikanlage in Kombination mit einem Energiespeicher bietet in diesem Fall langfristig gesehen oft die günstigere Alternative zur Stromversorgung an, als beispielsweise ein Dieselaggregat. Zwar sind die Dieselgeneratoren billiger in der Anschaffung, aber sie bedürfen der regelmäßigen Wartung. Hohe Kosten für den Treibstoff und seinen Transport machen die Aggregate über die ganze Lebensdauer hinweg unwirtschaftlich, ganz abgesehen von den Umweltschäden durch den Diesel und die Abgase.

Eine ähnliche Rechnung lässt sich auch für die Anschlusskosten eines Stromverbrauchers an das öffentliche Netz machen. Je weiter die Kosten für die Photovoltaik sinken, desto lukrativer ist auch für Verbraucher, die vergleichsweise nahe am Stromnetz wohnen, eine eigene Solaranlage zu installieren und nicht ans Netz zu gehen. Die gleiche Argumentation gilt für abgelegene Farmen, Berghütten oder für Dörfer in Entwicklungsländern. Sie sind meist in sehr weitläufigen, wenig bevölkerten Gebieten zu finden. Deshalb verwundert es nicht, dass über viele Jahre hinweg, in denen fast ausschließlich netzferne Anlagen installiert wurden, der US-Markt dominierte.

In dieser Zeit – Ende der 80er und Anfang der 90er – investierten die damaligen Photovoltaikhersteller wie Siemens, BP Solar, ASE (die Vorgängerfirma der Schott Solar) und andere in neue Produktionsanlagen in den USA. Sie hoben auf diese Weise eine neue Industrie aus der Taufe. Mit dem Bau erster industrieller Fertigungen wurden die Herstellungskosten im Vergleich zu den Pilotanlagen aus den 70er- und 80er-Jahren deutlich gesenkt. Dadurch erhöhte sich die Anzahl der Einsatzfelder, für die Stromerzeugung aus Photovoltaik eine wirtschaftliche Alternative gab. Dieser Markt wuchs und wächst immer noch mit jährlich 15 bis zwanzig Prozent

Der eigentliche Boom für die Branche setzte Ende der 90er ein, in einem ganz anderen Bereich: im Segment für netzgekoppelte Anlagen. Der Grund dafür lag weniger im kurzfristigen Bedarf für eine neue Energiequelle, sondern eher in den unübersehbaren Indizien eines weltweiten Klimawandels, verursacht durch den Menschen. Verstärkend wirkte die Sorge in manchen Industrienationen, dass die Abhängigkeit vom Erdöl die Volkswirtschaften über kurz oder lang in den Strudel geopolitischer Verwerfungen reißen könnte. 1997 begann Japan, Solarstrom zu fördern, zwei Jahre später folgte Deutschland. Die Förderregeln bereiteten den Markteintritt dieser Technologie vor und sollten der Photovoltaik einen festen Platz im zukünftigen nationalen Energiemix ermöglichen. Ähnlich wie beim Drei-Wege-Katalysator oder bei der Pflichtmodernisierung von Heizungen schuf der Gesetzgeber Anreize, Solaranlagen zu installieren und zu betreiben. Der dann folgende Nachfrageboom in diesen Ländern belegt die Akzeptanz dieser Technologie in der Bevölkerung.

13.500 neue Jobs in einem Jahr

Auf diese Weise entstand ein Binnenmarkt mit einer nachhaltig stabilen Nachfrage, der neue regionale Industrien ins Leben rief. Allen voran hat die japanische Regierung ein langfristiges Förderprogramm aufgelegt, um die Investitionen in Milliardenhöhe in moderne Produktionsanlagen für Solarzellen abzusichern. Die deutsche Solarindustrie ist inzwischen nach Japan die zweitgrößte weltweit. Sie hat trotz des zeitlichen Verzugs das Potenzial, im Wettlauf um Marktanteile mitzuhalten. Seit mehr als sieben Jahren wächst die Photovoltaik weltweit um über vierzig Prozent – jedes Jahr! Dabei entstanden allein 2005 in Deutschland rund 1.400 neue Arbeitsplätze. Aufgrund der starken Binnennachfrage kommen weitere 1.500 Arbeitsplätze im Handwerk und über 600 Jobs im Handel dazu. Darüber hinaus erwartete man durch neue Marktteilnehmer im Installationshandwerk noch einmal etwa 10.000 neue Arbeitsplätze. Insgesamt hat die Solarstrombranche im Jahr 2005 etwa 13.500 Menschen zusätzlich in Lohn und Brot gebracht. Bis Juni 2004 waren bereits über 16.300 Mitarbeiter in der Photovoltaik beschäftigt, die Beschäftigtenzahl nähert sich also der Marke von 30.000.

Aufgrund dieser Erfolgsgeschichte in Japan und Deutschland führen immer mehr Länder vergleichbare Programme ein. Nachdem Spanien, Italien und Korea im Jahr 2004 erhöhte Einspeisevergütungen für Solarstrom aus Photovoltaik gesetzlich verankerten, gibt es entsprechende Gesetzentwürfe inzwischen auch in Griechenland, China und anderen Nationen.

Dünnschichtmodule auf dem Dach eines Wintergartens in Rösrath. Foto: Schott Solar

Dies eröffnet den deutschen Herstellern von Photovoltaik zusätzliche Exportchancen, nicht nur in Bezug auf Solarkomponenten, sondern auch im Bau neuer Fertigungsstätten. Dieser Zweig des Anlagenbaus hat sich unter der starken heimischen Nachfrage gleichfalls gut entwickelt. So ist nicht verwunderlich, dass fast alle wichtigen Zulieferer für die Errichtung neuer Solarfabriken kleine oder mittelständische Unternehmen aus Deutschland, Japan oder USA sind. Aufgrund dieses Booms bei den netzgekoppelten Anwendungen hat sich das Verhältnis von netzfernen zu netzgekoppelten Anlagen innerhalb einiger Jahre umgedreht.

Um neue Technologien in den Markt einzuführen und konkurrenzfähig zu machen, ist eine geeignete Förderung notwendig. Mit dem deutschen Erneuerbare-Energien-Gesetz (EEG) hat man gute Erfahrung gemacht. Für weite Teile Europas ist es ein optimales Modell, weil es jedem Einzelnen die Möglichkeit bietet, Strom in das öffentliche Netz einzuspeisen. Das wurde durch den EU-Energiekommissar Andris Piebalgs im jüngsten Energiebericht bestätigt.

Notwendige Voraussetzung für den Erfolg des EEG war und ist, dass hier in Deutschland produziert wird, also auch in Deutschland die Arbeitsplätze entstehen. Gleichzeitig bietet Deutschland den größten Markt für Solarstrom. Durch die Hightech-Produktion hierzulande entstanden viele Forschungsteams in Instituten und Unternehmen. Dabei betragen die bundesdeutschen Forschungsaufwendungen für Photovoltaik von 25 Millionen Euro nur etwa ein Drittel im Vergleich zu Japan und den USA. Um auch zukünftig wettbewerbsfähig bleiben zu können, müssen die öffentlichen Forschungsmittel stufenweise auf mindestens 100 Millionen Euro erhöht werden.

Mit der sich bis heute gehaltenen Technologieführerschaft in Deutschland wuchs auch die Bedeutung des Exports von Photovoltaik-Gütern und entsprechendem Wissen in alle Welt.

Natürlich muss eine solche Förderung zeitlich begrenzt sein. Japan hat schon früh Förderprogramme aufgelegt, die sowohl den heimischen Absatzmarkt als auch die japanische Industrieproduktion für Solarstromprodukte förderten. Mitte der 1990er-Jahre wurde das 70.000-Dächer-Programm mit einer Laufzeit von zehn Jahren angelegt. Einerseits wurde in diesem Programm die Photovoltaikindustrie mit Investitionshilfen gefördert, ihre Kapazitäten massiv zu erhöhen. Andererseits wurde Solarstrom für den japanischen Endverbraucher attraktiv gehalten. Im Jahr 2006 ist die Marktförderung gänzlich ausgelaufen, aber bereits heute ist japanischer Solarstrom mit dem Preis der Energieversorger für Spitzenlaststrom beim Verbraucher konkurrenzfähig. Dies zeigen die Stromtarife zum Beispiel in Tokio. Durch weiter steigende Strompreise und sinkende Kosten in der Solarstromindustrie wird in absehbarer Zeit auch hierzulande Solarstrom konkurrenzfähig.

Da der Solarstrom dezentral auf dem eigenen Hausdach erzeugt wird, also dort wo er auch direkt verbraucht wird, muss sich Solarstrom auch mit dem Strompreis an der Steckdose messen und nicht mit den Gestehungskosten in Großkraftwerken. Die Sonne scheint in der Mittagszeit am stärksten, genau dann, wenn auf Strombörsen wie Leipzig oder Amsterdam der Preis für Spitzenlaststrom am höchsten ist. Zu dieser ökonomischen Tatsache kommt noch eine volkswirtschaftliche Bedeutung der Industrie hinzu.

Neue Industrien, die das Potenzial zu einer globalen Wachstumsindustrie aufweisen, sind der Motor einer jeden Industriegesellschaft. Dies insbesondere dann, wenn ein immer größerer Anteil von Erwerbstätigen in den kommenden Jahren im Dienstleistungsgewerbe tätig werden soll. Nur mit einer deutlich zu steigernden industriellen Wertschöpfung lässt sich dieser Umschwung bewerkstelligen. In Ländern wie in Deutschland mit der bekannten demografischen Entwicklung muss die Steigerung der industriellen Wertschöpfung noch weiter erhöht werden, wenn die Mehrheit der Bevölkerung den hohen Lebensstandard künftig beibehalten soll.

Die Indikatoren für eine zukunftsfähige Wachstumsindustrie lassen sich wie folgt definieren: Die Wachstumsraten für ein global benötigtes Produkt oder eine Produktgruppe sollten über mehrere Dekaden im zweistelligen Bereich liegen. Der globale Jahresumsatz sollte mehr als 100 Milliarden Euro erreichen. Rückblickend auf die vergangenen sechs Jahre lässt sich erkennen, dass die photovoltaischen Solarmodule diese Kriterien erfüllen. Vierzig Prozent Wachstum jedes Jahr: Von dieser Rate können andere Branchen nur träumen. Innerhalb der nächsten 15 Jahre wird ein Umsatz von mehr als 100 Milliarden Euro möglich sein, auch wenn sinkende Kosten und Preise zu Buche schlagen. Aus der Erfahrung der Vergangenheit weiß man, dass bei einer Verdoppelung der weltweit verkauften Modulmenge die Preise um ein Fünftel nachgeben. Bei einem Marktwachstum von 25 Prozent pro Jahr ergibt sich daraus eine Preisreduktion von etwa fünf Prozent jährlich.

Bei neuen Produkten, für die es nichts Vergleichbares gab, ist das Marktwachstum alleine dadurch begrenzt, wie viele Konsumenten sich dafür entscheiden. Das galt und gilt für Halbleiterchips, Mobiltelefone, tragbare Computer, Flachbildschirme und Photovoltaik wie die Solarschiebedächer für Autos, Uhren oder Taschenrechner. Hierfür werden typischerweise keine Marktunterstützungsprogramme benötigt. Im Gegensatz dazu gibt es neue Produkte, die andere, ähnliche Produkte erst verdrängen müssen. So konkurriert die netzferne industrielle und ländliche Solarstromtechnik mit herkömmlichen Batterien oder Dieselaggregaten, die gleichfalls zur Stromerzeugung dienen. Durch sinkende Kosten erschließt sich die Photovoltaik nach und nach immer mehr Anwendungsfelder. Am schwierigsten wird die Verdrängung dann, wenn sie in einem etablierten Markt wie dem öffentlichen Stromnetz gegen die Stromgestehungskosten von Kraftwerken konkurrieren sollen. So konnte sich vor über vierzig Jahren die Kernenergie nur gegen die Kohlekraftwerke durchsetzen, weil sie staatlich gefördert wurde, etwa durch steuerliche Vergünstigungen. Analog verhält es sich heute mit den erneuerbaren Energien wie Wind, photovoltaischem Solarstrom, Strom aus thermischen Solarkraftwerken und anderen. Mit steigenden Ölkosten und dem technologischen Fortschritt werden die erneuerbaren Energien immer mehr an Bedeutung gewinnen. Gezielte Unterstützungsprogramme können diesen Prozess deutlich beschleunigen. Ein wichtiger Aspekt ist die klare Festlegung über die zeitliche Dauer der Unterstützung. Sie darf einerseits nicht zu kurz sein, da sonst kein vernünftiger Aufbau einer neuen Photovoltaikindustrie möglich ist. Sie muss aber andererseits begrenzt werden, um die Gefahr einer Dauerförderung zu unterbinden. Legt man zwei Investitionszyklen für Produktionsanlagen zugrunde, ergibt sich hieraus eine Zeitdauer von ca. 15 bis maximal zwanzig Jahre. Nach diesem Zeitraum muss das neue Produkt ohne weitere Unterstützung am Markt wettbewerbsfähig bestehen.

Solarmodule bieten heute eine ausgereifte und zuverlässige Technik zur Energieversorgung. Foto: Schott Solar

Wenn einige Industrieregionen eine Zukunftstechnologie durch groß angelegte Unterstützungsprogramme für ihre eigene Industrie besetzen wollen, bleibt es den übrigen Industrieregionen frei, ähnliche Programme zu initiieren und an dieser Wachstumsindustrie teilzuhaben. Oder sie verpassen den Anschluss und verabschieden sich aus diesem

Wirtschaftszweig. Man kann die Hersteller von Solartechnik unterstützen oder ihre Abnehmer, sprich: die Kunden. Übergeordnete staatliche Regulierungsprogramme können ebenfalls positiv auf das Marktwachstum erneuerbarer Energieträger einwirken.

Um Industrieansiedlungen mit neuen Arbeitsplätzen in bestimmte Regionen zu locken, werden vielfältige Maßnahmen angeboten. Vor einigen Jahren wurde im US-Bundesstaat Virginia Firmen, die in neue Produktionsstätten für Solarzellen in diesem Bundesland investierten, pro verkauftem Watt eine Subvention von einem halben US-Dollar über einen längeren Zeitraum versprochen. Firmen, die in den letzten Jahren in den neuen Bundesländern in Deutschland investierten, konnten je nach Region und Firmengröße bis zu 35 Prozent Investitionszulage erhalten. Bei der investitionsintensiven Herstellung von Siliziumscheiben und Solarzellen bedeutet diese Unterstützung einen erheblichen Wettbewerbsvorteil. Manche Länder gewähren Steuererleichterungen.

Budgets auf dem Prüfstand

Bei der Unterstützung für die Käufer von Solaranlagen gibt es unterschiedliche Modelle: Anfang der 90er-Jahre wurden ihnen in Deutschland siebzig Prozent der Investitionssumme bezuschusst, im Rahmen des Tausend-Dächer-Programms. In Japan wurde beim 70.000-Dächer-Programm seit Mitte der 90er-Jahre anfangs in ähnlicher Höhe und danach deutlich geringer bezuschusst. Ein klarer Nachteil dieser Beihilfen aus dem Staatshaushalt ist die Ungewissheit, ob die Unterstützung von Dauer ist. Denn in jedem neuen Haushaltsjahr muss das entsprechende Budget wieder auf den Prüfstand.

1999 wurden beim 100.000-Dächer-Programm in Deutschland zinsverbilligte Kredite angeboten. Der große Marktaufschwung setzte jedoch erst 2000 mit der Einführung des Einspeisegesetzes für erneuerbare Energien ein. Auch in anderen europäischen Ländern gibt es bereits ähnliche Gesetze. Dazu gehören Spanien, Italien oder Portugal. In Vorbereitung ist ein solches Gesetz in Griechenland. Unlängst verabschiedeten auch Südkorea und China ein Einspeisegesetz nach deutschem Vorbild. Das spricht für den Modellcharakter und die international anerkannte Wirksamkeit dieses Marktanreizprogramms. Der große Vorteil eines an die jeweiligen Gegebenheiten angepassten Einspeisegesetzes ist seine Kontinuität. Darüber hinaus kümmert sich der Investor um die Funktionstüchtigkeit seiner Anlage über einen langen Zeitraum, da er nur dann von der entsprechenden Vergütung profitiert. Auch die Qualität von Photovoltaikanlagen ist bedeutsam: Nur wenn aus dem installierten Kilowatt nach Datenblatt auch entsprechend viele Kilowattstunden pro Jahr in die Abrechnung gehen, hat der Betreiber seinen Profit.

Zu guter Letzt: Mit dem Einspeisegesetz wurde der Netzbetreiber verpflichtet, den Strom aus erneuerbaren Energiequellen abzunehmen. Steuerliche Abschreibemodelle wurden in der Vergangenheit ebenfalls in einigen Ländern zur Marktunterstützung angeboten. Für Schwellen- und Entwicklungsländer haben die Weltbank und die Kreditanstalt für Wiederaufbau entsprechende Programme aufgelegt, um dezentrale Stromversorgungsanlagen in diesen Regionen zu finanzieren und erschwinglich zu machen.

Politisch motivierte Regulierung kann den Marktaufbau ebenfalls stimulieren. So will die Europäische Union bis 2010 rund 21 Prozent ihrer Stromproduktion aus erneuerbaren Energien bestreiten. Die entsprechende Direktive der EU, die in nationales Recht umgesetzt werden muss, verleiht der Solarindustrie einen weiteren Schub.

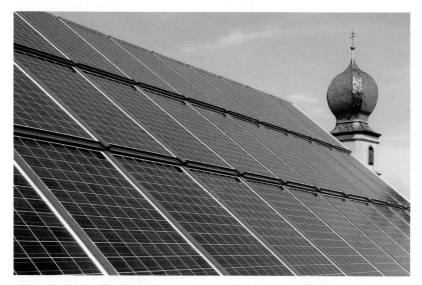

Viele Gebäude der öffentlichen Hand wie Schulen, Kindergärten und Verwaltungszentren oder auch die Kirchen bieten geeignete Flächen zur solaren Stromerzeugung. Foto: Schott Solar

Ob der in Europa beschlossene Handel mit Emissionsrechten und Zertifikaten für Kohlendioxid die Photovoltaikbranche positiv beeinflusst, lässt sich derzeit schwer absehen. Dazu müssten alle herkömmlichen und erneuerbaren Energien zur Stromerzeugung direkt vergleichbar sein.

Das Beispiel des 70.000-Dächer-Programms in Japan zeigt, dass ein langfristiger Marktaufbau mit verlässlichen Zuschüssen zu den Investitionen durchaus möglich ist. Die Wachstumsrate lag zwischen 1996 und 2003 bei ca. 45 Prozent im Jahr. Allerdings lässt sich bereits absehen, dass der über die vergangenen Jahre kontinuierlich gesenkte und seit 2005 gänzlich weggefallene Zuschuss auch eine deutliche Stagnation hervorruft. Die Tatsache, dass in Japan in den letzten Jahren trotz geriger gewordener Bezuschussung immer noch ein Wachstum zu verzeichnen war, liegt in folgenden Punkten begründet: Japanische Privathaushalte zahlen im Vergleich zu Europa deutlich höhere Stromkosten, etwa 18 – 25 Cent pro Kilowattstunde. In Japan scheint die Sonne ähnlich wie am Mittelmeer. Die Photovoltaikanlagen erreichen Stromgestehungskosten von 25 bis dreißig Cent pro Kilowattstunde. Viele Photovoltaikanlagen wurden in den letzten Jahren durch Hypotheken auf die Häuser finanziert, bei äußerst geringen Zinsen. Diese Zinsen ließen sich durch die Photovoltaik um ein bis zwei Prozent senken. Ein weiterer, nicht unwesentlicher Grund: Die japanische Bevölkerung ist bereit, in neue Technologien zu investieren.

Bevor die Japaner das 70.000-Dächer-Programm auflegten, hatte das Industrieministerium Meti Anfang der 90er-Jahre die Marktchancen des Solarstroms analysiert. Das Ergebnis war eindeutig: Die Photovoltaik ist eine der potenziell großen Zukunftsindustrien. Das Programm war also industriepolitisch motiviert, mit dem Ziel, der japanischen Industrie eine Vormachtstellung zu verschaffen. Der lokale Markt sollte schneller wachsen als die weltweite Nachfrage, um den japanischen Unternehmen ein starkes Fundament im eigenen Land zu bieten, ein Sprungbrett zum Weltmarkt. Zu Hause konnte sie ihre Technologie entwickeln, zu Hause konnte sie die Kosten für die Module durch Massenproduktion senken. Im zweiten Schritt sollte dann der globale Markt erobert werden. Dazu wurde in einem langfristig angelegten Programm ab 1994 festgelegt, dass die Produktionskapazität der japanischen Photovoltaikindustrie ab dem Jahr 2000 für den Export über den wachsenden inländischen Markt hinaus ausgebaut werden sollte. Diese Strategie wurde durch eine vierzigprozentige Abwertung des Yen gegenüber dem Euro deutlich beflügelt.

Das deutsche Tausend-Dächer-Programm Anfang der 90er-Jahre war der weltweit erste Breitentest, der die technische Reife von photovoltaischen Solarstromsystemen demonstrieren sollte. Am Ende waren fast 2500 Systemen installiert, von jeweils rund drei Kilowatt. Um die legale Grundlage für die flächendeckende Installation zu schaffen, wurde 1990 mit der Investitionsfinanzierung auch ein Einspeisegesetz mit gleichem Vergütungssatz für alle erneuerbaren Energiesysteme von rund neun Cent pro Kilowattstunde etabliert. Dieses war, wie wir heute wissen, die Grundlage für die stürmische Marktentwicklung der Windenergieindustrie in Deutschland! Allerdings fehlte diesem Programm für die photovoltaische Solarstromindustrie gänzlich der industrieorientierte Charakter. In den Folgejahren war der deutsche Markt von Initiativen einiger Bundesländer wie Nordrhein-Westfalen, einiger Stadtwerke und Energieversorger wie RWE geprägt. Er erlangte aber keine deutliche Steigerung und stagnierte bis zum Ende der 90er-Jahre bei rund 15 Megawatt pro Jahr. Eine wichtige Erkenntnis aus dieser Zeit ist, dass bei einer Vielzahl unterschiedlicher Programme – gemeinhin als Förderdschungel bekannt – die Bevölkerung eher verunsichert wird. Ein klares, einheitliches Förderprogramm ist der beste Garant für eine breite Akzeptanz. Dies lässt sich eindrucksvoll mit dem bundesweit einheitlich eingeführten Einspeisegesetz für erneuerbare Energien verfolgen. Von 15 Megawatt im Jahr 1998 verzehnfachten sich die Photovoltaikanlagen in Deutschland bis 2003.

Mit dem Wegfall des zinsverbilligten Kredits und der Novellierung des Einspeisegesetzes im April 2004 konnte sich der Markt im gleichen Jahr nochmals mehr als verdoppeln. Er erreichte mehr als 450 Megawatt. Damit ist eindrucksvoll gezeigt, dass mit einem sinnvoll an die Technologie angepassten Einspeiseprogramm ein sehr schnell wachsender Markt induziert werden kann. Noch vor wenigen Jahren hätte kaum jemand zu prognostizieren gewagt, dass der deutsche Markt in 2004 größer als der japanische werden könnte.

Ein Schub für netzgekoppelte Photovoltaik

Netzgekoppelte Photovoltaik wird in naher Zukunft einen technologischen Schub erhalten: durch die Integration der Solartechnik in die Gebäude. Wurden die Solarzellen bisher meist nachträglich auf die Dächer montiert, geht es nun darum, die Energienversorgung aus erneuerbaren Quellen schon bei der Planung der Häuser zu berücksichtigen. Die Erfahrung aus solchen Projekten hat gezeigt, das eine enge Zusammenarbeit der Planer und der einzelnen Gewerke am Bau besonders innovative Konzepte hervorbringt. Dabei werden die passiven und aktiven Energieeinträge in das Haus eingerechnet. Allein der Grundriss und die Ausrichtung der großen Flächen haben enormen Einfluss auf den möglichen Energieertrag des Hauses. Stehen beispielsweise nur wenige Dachflächen zur Verfügung, die optimal nach Süden orientiert sind, kann das Dach nur einen geringen Anteil zur Strom- und Wärmegewinnung beitragen. Der besondere Nutzen der gebäudeintegrierten Photovoltaik besteht darin, dass herkömmliche Bauteile durch Strom erzeugende Elemente ersetzt werden: Solarziegel, Solarfenster, Solarfassaden.

Wenn beispielsweise das Dach mit Solarstrommodulen gedeckt wird, kann der Bauherr die Dachziegel, Glasflächen oder Fassadenelemente einsparen. Hier liegt ein enormes Entwicklungspotenzial, um solche Elemente zu optimieren und zu standardisieren. Die in die Gebäude integrierte Photovoltaik wird in den nächsten zehn Jahren eine starke Interaktion zwischen Architekten, Planern, Bauherren und der Solarindustrie auslösen. Stadtplaner werden zum Beispiel schon bei der Planung von Neubauflächen die Ausrichtung der Dächer optimieren. Die Gebäudehülle, also die Außenwände und das Dach, werden mittelfristig zur Strom erzeugenden Energiehülle.

Dabei sind nicht nur Dächer geeignet, Strom zu erzeugen. So entstehen durch die Verwendung von speziellen Dünnschichtmodulen multifunktionale Bauelemente, die nicht nur vor Regen schützen, sondern zugleich Beschattung, Wärmeisolierung und Stromerzeugung leisten. Gleichzeitig genügen sie höchsten Ansprüchen an Form und Design. Solche Energiefassaden können sich durch den eingespeisten Solarstrom selbst finanzieren. Erste Projekte dieser Art geben der Architektur neue Impulse. In diesem Bereich steckt ein stark unterschätztes Potenzial.

Chance gegen die Armut

Bei den netzfernen Anlagen geht der Markt andere Wege. Er wird im Wesentlichen von zwei Kundengruppen beherrscht: netzferne Anlagen für Industriebetriebe oder für die Elektrifizierung im ländlichen Raum. Industrielle netzferne Anwendungen der Photovoltaik sind beispielsweise Empfangsstationen der Telekommunikation, Messstationen oder Überwachungsstationen an Pipelines. Kombiniert mit Batterien ist die Photovoltaik in diesem Bereich günstiger als wartungsintensive Dieselaggregate. Damit wird das Marktwachstum dieses Segments stark über die Kosten und Preise für Solarstrommodule gesteuert.

Qualitätskontrolle in der Modulfertigung von Schott Solar im bayerischen Alzenau.
Foto: Schott Solar

Beschleunigt wird der Markterfolg der Photovoltaik, wenn die Preise für Erdöl weiter steigen. Ähnlich verhält es sich mit dem Wachstumspotenzial in der ländlichen Elektrifizierung. Derzeit leben weltweit zwei Milliarden Menschen ohne Strom. Die meisten Regierungen der betroffenen Entwicklungsländer haben erkannt, dass elektrischer Strom auch den Zugang zu besserer medizinischer Betreuung bedeutet, zu effizienteren technischen Hilfsmitteln, zu Kommunikationsmitteln und zur Bildung. Deshalb werden staatliche oder durch die Weltbank geförderte Programme zur Elektrifizierung einzelner Dörfer oder Gemeinden aufgelegt. In vielen Fällen sind mit Photovoltaik betriebene Dorfstromnetze wirtschaftlicher als Netze, die sich aus Dieselgeneratoren speisen. Dort, wo Stromnetze aufgrund der geringen Anzahl von Stromabnehmern nicht rentabel sind, kann die moderne Photovoltaik auch einzelne Häuser elektrifizieren. Die Anlagengröße schwankt zwischen fünfzig Watt mit einem Modul bis hin zu einigen Kilowatt Nennleistung. Photovoltaikanlagen lassen sich später ohne weiteres modular erweitern, um steigendem Stromverbrauch und Ansprüchen Rechnung zu tragen.

In vielen Fällen können Dieselgeneratoren auch in Kombination mit Photovoltaik sinnvoll sein, um die Gesamtwirtschaftlichkeit der Energiegewinnung zu verbessern. Gleichzeitig erhöht sich dabei die Versorgungssicherheit, da bei längeren Perioden ohne Sonnenschein der Dieselgenerator zugeschaltet werden kann. Forscher der Universität Kassel haben auf der Preisbasis von 2003 einmal nachgerechnet: Nimmt man einen Dieselgenerator mit fünf Kilowatt Leistung an, der durch eine Batterie vollständig abgesichert wird, fallen rund drei Euro je Kilowattstunde erzeugten Stroms an. Schaltet man eine Photovoltaikanlage zu, die 1,8 Kilowatt leistet, sinken die Stromgestehungskosten auf 2,2 Euro je Kilowattstunde. Zugleich könnte man die Batterie auf ein Viertel ihrer ursprünglichen Kapazität verkleinern, ohne dass die Versorgungssicherheit gefährdet wäre. Dabei wurde ein jährlicher solarer Stromertrag von bis zu fünf Kilowattstunden angesetzt, der in vielen Gebieten mit einer hohen Anzahl an Sonnentagen durchaus realisierbar ist.

Die Photovoltaik bietet den Menschen in vielen Entwicklungsländern die Chance, das soziale Gefälle in ihren Ländern abzubauen und ihren Lebensstandard zu erhöhen. Die Wertschöpfung aus der Stromproduktion und der Herstellung der Solarzellen verbleibt im eigenen Land, das sich darüber hinaus aus dem Würgegriff der Ölkartelle löst. Neue Märkte für lokale Handwerker und Dienstleister entstehen und damit viele neue Arbeitsplätze.

Der weltweite Markt für Photovoltaik wird auch in Zukunft wachsen, zunächst getrieben von den derzeit größten Märkten in den USA, Japan und Europa. Die stabile Förderung des deutschen Marktes durch das Einspeisegesetz erzeugte ein betriebswirtschaftlich mittel- bis langfristig kalkulierbares Investitionsszenario. Diese Investitionen wiederum führten zu einer prosperierenden Industrie. Mit wachsenden Umsätzen kann sie heute zum Motor neuer wirtschaftlicher Entwicklungen in der Zukunft werden. Es gibt aber noch einen wichtigen Einflussfaktor, der zum Erfolg solcher Fördermaßnahmen unerlässlich ist. Ernesto Macias Galan hat diesen Faktor als Bildung beziehungsweise Aufklärung bezeichnet. Der Spanier und Vizepräsident des Europäischen Verbandes der Photovoltaikindustrie (EPIA) spricht von drei Schlüsselbereichen einer Volkswirtschaft, die ineinander verzahnt zusammenarbeiten müssen, um die gesetzlichen Vorgaben eines Einspeisegesetzes zum Erfolg zu führen: die Technologie, die Politik und die Gesellschaft. Trotz des enormen Potenzials der Photovoltaik sind die Kunden und Anwender noch verunsichert. Es fehlt an Erfahrung mit der Technik und der Verlässlichkeit ihrer Stromerträge. Viele Fragen sind noch unbeantwortet. Es fehlt an Aufklärung, die den Kunden und die Öffentlichkeit an die Photovoltaik heranführt.

In Deutschland wird seit Mitte der 80er-Jahre eine solche Aufklärungsarbeit für die Sonnenenergie betrieben. Der Durchbruch in der Öffentlichkeit kam erst 2003, als die Medien das Thema immer wieder aufgriffen, aus der Nische herausführten und die Informationsdichte eine kritische Masse erreichte. Dies zeigt, wie wichtig Öffentlichkeitsarbeit und Medienpräsenz für den wirtschaftlichen Erfolg technischer Entwicklungen sind. Dieser Weg muss jedoch nicht immer zwanzig Jahre dauern.

Solarstrom als Prestigeobjekt

Der asiatische Raum geht anders mit neuen Technologien wie der Photovoltaik um. Wenn die Funktionalität dieser Technologie gegeben ist und sich daraus Vorteile ergeben, sind Vorbehalte schnell überwunden. Dies lässt sich heute in China und Thailand beobachten, gilt aber auch für Japan. Dort führte die allgemeine Technikbegeisterung zu einer sehr raschen Akzeptanz von Photovoltaik. Der Besitz einer Solarstromanlage wurde zur Prestigefrage für den japanischen Mittelstand.

Ohne erkennbaren Nutzen wird der Kunde sich nicht für die Photovoltaik interessieren. Photovoltaik erzeugt elektrischen Strom. Die deutschen Verbraucher sind es jedoch gewohnt, Strom direkt zu kaufen, nicht ihn selbst zu produzieren. Die Verkaufsstelle für Strom ist traditionell die Steckdose oder der Zählerkasten des Energieversorgers. Häufig ist dem Verbraucher dabei der Preis des Stroms nicht transparent oder bekannt. Das führt dazu, dass Photovoltaik bei der Vermarktung auf ideelle oder nicht ökonomische Zusatznutzen zurückgreifen musste: Imagegewinn, Prestige, Gewissensberuhigung und ökologische Überzeugung. Seit der Einführung des Einspeisegesetzes in Deutschland sind auch ökonomische Beweggründe als Kaufanreiz hinzugekommen.

Bis etwa 2020 wird erwartet, dass sich die Kilowattstunde Solarstrom für etwa zwanzig Cent erzeugen lässt. Damit wird Solarstrom im Bereich der Spitzenlast konkurrenzfähig und ist auch ohne Marktunterstützung für den Endverbraucher attraktiv. Bis dahin muss der Markt so gestützt werden, dass sich das Wachstumspotenzial voll entfalten kann und auf diese Weise die Kosten für Strom aus Photovoltaik sinken.

Technologisch gesehen ist die Photovoltaik weitestgehend ausgereift, die Materialien und Methoden sind grundsätzlich bekannt. Völlig neue Technologien oder Quantensprünge in der Effizienz sind in den nächsten zwanzig Jahren nicht zu erwarten, wohl aber eine stetige Verbesserung der bekannten Technologien. Dominant sind die kristalline Technologie und die Dünnschichttechnologie. In der Forschung wird derzeit mit der Farbstoffzelle eine dritte Technologie zur Marktreife gebracht. Sie wird frühestens im Jahr 2010 im größeren Maßstab zur Verfügung stehen. Diese Technologie wird zukünftig eine Vielfalt an Farben und Design erlauben und damit besonders für die Architektur interessant sein.

Produktionslinie für Solarzellen im Reinraum der Firma Sunways. Foto: Sunways

Die kristalline Technologie, die dünne Siliziumscheiben beschichtet, um sie anschließend elektrisch zu verschalten und wetterbeständig in Module zu verpacken, wird ihre Effizienz durch dünnere Wafer, bessere Beschichtungen und intelligentere Verschaltungen steigern – bei gleichzeitig geringerem Materialverbrauch. Damit wird der Preis pro Kilowattstunde Solarstrom kontinuierlich gesenkt.

Die Dünnschichttechnik variiert die Zusammensetzungen des Halbleitermaterials, entwickelt neue Beschichtungsverfahren und Substrate, mit dem Ziel, große Flächen günstig zu beschichten und dabei die Effizienz zu steigern. Kostengünstiges Beschichten von leichten, transparenten und flexiblen Trägermaterialien in beliebigen Größen würde die Dünnschichtphotovoltaik revolutionieren und viele neue Anwendungsgebiete erschließen.

Nicht selten wird die Kernfusion als die unerschöpfliche Energiequelle der Zukunft genannt. Sie nimmt sich die Kernverschmelzung im Innern der Sonne zum Vorbild, wo Wasserstoffkerne zu Helium verschmelzen. Dabei muss man jedoch berücksichtigen, dass ein funktionierender Fusionsreaktor auf der Erde frühestens im Jahr 2050 existiert. So lauten die Prognosen der Fusionsforscher. Statt auf diese unsichere Option und den Sankt Nimmerleinstag zu setzen, können wir die unerschöpfliche Energie der Sonne schon jetzt nutzen: durch Photovoltaik, die das Sonnenlicht in Strom umwandelt. Die Strahlung der Sonne steht uns etwa noch fünf Milliarden Jahre zur Verfügung. Sie besitzt das höchste technische Potenzial, genutzt zu werden. Ab 2040, so wird prognostiziert, wird der Löwenanteil des Weltenergiehungers direkt durch die Sonne gestillt. Den Solarstrom liefern dann zentrale solarthermische Großkraftwerke und die vielen dezentralen Photovoltaikanlagen gemeinsam. Nach einer Studie der Internationalen Energieagentur wird in den OECD-Ländern im Jahr 2100 über die Hälfte der benötigten Energie solar erzeugt.

Pflanzenöle – vernetzt gedacht

**Naturbelassene Treibstoffe bieten der
Landwirtschaft ein neues Standbein**

Von Thomas Kaiser und Carsten Pfeiffer

Das Ziel lautet: weg vom Öl. Ein Baustein der dazu notwendigen Strategie sollte sein: hin zum Pflanzenöl. Pflanzenöle stehen schon heute zur Verfügung, auch wenn sie gegenüber dem Wasserstoff oder synthetischen Kraftstoffen eher stiefmütterlich behandelt werden. Sind sie Alleskönner ohne Gönner oder eine Hoffnung aus der Vergangenheit ohne Zukunft?

Das Zeitalter des Öldorado neigt sich seinem Ende. Von der Alternative Wasserstoff ist wenig zu sehen. Die Kernfusion ist eher ein Thema für die Autoren von Science-Fiction. Vieles spricht dafür, dass die Biokraftstoffe eine wichtige Rolle spielen könnten. Ethanol wird in einigen Ländern bereits heute genutzt, um Benzin zu ersetzen. Pflanzenöle hingegen eignen sich für Dieselmotoren.

Schon Rudolf Diesel, der Erfinder des gleichnamigen Automotors, meldete kurz vor 1900 ein Patent auf Pflanzenöle an. Sie bestehen aus Kohlenwasserstoffen, die im Motor verbrannt werden und die Antriebsenergie für ein Fahrzeug oder eine andere Maschine liefern. Zur Herstellung presst man Ölsaaten aus. Zurück bleibt ein Presskuchen, der viel pflanzliches Eiweiß enthält. Diese Rückstände lassen sich an Tiere verfüttern oder als Dünger beziehungsweise Humus in den Boden einbringen. In Entwicklungsländern könnte der wertvolle Presskuchen sogar zur Unterstützung der menschlichen Ernährung dienen. Das gewonnene Pflanzenöl reduziert die Abhängigkeit vom teuren Erdöl.

Eine interessante Ölpflanze ist beispielsweise die südamerikanische Jatropha, die ölhaltige Nüsse enthält. Sie wächst auf trockenen Böden, in fast wüstenähnlicher Umgebung. Mittlerweile ist sie auch in Afrika und Indien verbreitet und dient als Schutzhecke gegen Wild und Wind. Ursprünglich wurde sie angebaut, um in ihrem Schatten den Anbau von Lebensmitteln zu ermöglichen. Schnell zeigte sich, dass sie noch eine Reihe anderer Vorteile aufweist: Ihre Nuss ist zwar nicht essbar, da sie abführend wirkt. Aber aus dem Öl lässt sich Seife oder Treibstoff machen. Der ungenießbare Rest ist ein Dünger für die Landwirtschaft. Das wohl bekannteste Projekt wird derzeit in Indien durchgeführt und von DaimlerChrysler unterstützt. Wie sich in Afrika gezeigt hat, hängt der Erfolg vor allem von der Professionalität ab, mit der die Projekte durchgeführt werden. Bei guten Projekten rechnet sich der Anbau allemal. Ebenfalls interessant sind Ölpalmen, mit denen sich sehr hohe Erträge erzielen lassen. Der Königsweg wäre der Mischanbau verschiedener Ölpalmen, eingebettet in ein funktionierendes Ökosystem. Monokulturen sind ein Irrweg, dem im schlimmsten Fall sogar Regenwälder zum Opfer fallen. Weltweit warten Hunderte Ölpflanzen darauf, genutzt zu werden. In den letzten sechs Jahren hat sich in Deutschland der Einsatz von Pflanzenölen mehr als verzehnfacht. Die Ökosteuer hat den klassischen Diesel verteuert und damit erheblich dazu beigetragen, dass sich Pflanzenöle und Biodiesel entfalten konnten. Der Preisanstieg beim Erdöl tat ein Übriges. Viele tausend Bauern verdienen inzwischen ihr tägliches Brot mit dem Anbau von Energiepflanzen. Vor allem in Süddeutschland entstanden eine Vielzahl von Mühlen, in denen das Öl vornehmlich aus Raps gewonnen wird.

Blick ins Innere einer Ölmühle in Süddeutschland. Foto: Thomas Kaiser

Doch hat die Erfolgsgeschichte auch Schattenseiten. Bisher konzentriert sich die Entwicklung der Pflanzenöle ganz wesentlich auf den Biodiesel, auch Rapsmethylester (RME) genannt. Der Irrtum beim RME liegt darin zu glauben, dass dieser Biodiesel im Unterschied zu naturbelassenen Pflanzenölen einfach in den Tank geschüttet werden könne. Dies ist falsch, eine Reihe von Anpassungen an den Verbrennungsprozess sind erforderlich. Mittlerweile ist der Biodiesel bei der Automobilindustrie und den Herstellern von Einspritzsystemen regelrecht in Verruf geraten. Zu viele Probleme waren aufgetaucht, denn der Biodiesel zieht Wasser an und neigt dazu, die Düsen zu verkleben. Die Verbrennung im Motor gerät ins Stocken. Ein weiteres Problem liegt in seiner Herstellung: RME wird in chemischen Anlagen aufbereitet, indem rund neun Anteile Rapsöl und ein Anteil Methanol gemischt werden. Es entsteht der Biodiesel und energiehaltiges Glyzerin. Das Methanol wird aber meist aus den klimaschädlichen fossilen Energieträgern Erdgas oder Erdöl gewonnen. Auch sind die Energieverluste während der chemischen Umwandlung sehr hoch. Als diese Technologie entwickelt wurde, hatte man gehofft, aus dem Verkauf des Glyzerins zusätzliche Gewinne zu erzielen. Mittlerweile wird aber so viel Glycerin produziert, dass die Preise in den Keller gingen.

Die eigentliche Schwierigkeit liegt jedoch darin, dass die Wertschöpfung bei der Produktion dieses Biodiesels bei der chemischen Industrie angesiedelt ist und nicht in der Landwirtschaft, die den Löwenanteil der Rohstoffe erzeugt und liefert. Nicht die Bauern verdienen an dieser Technologie, sondern vor allem die Produzenten des Biodiesels und die Mineralölkonzerne, die den Biodiesel beimischen. Vollständig naturbelassene Pflanzenöle, die ohne chemische Verbindungen mit Methanol auskommen, werden oft in kleinen, dezentralen Ölmühlen hergestellt, die von den Landwirten und Handwerkern bedient werden können. Sie können auch die Motoren auf die umweltfreundlichen Kraftstoffe umstellen. Noch werden aber Millionen Euro in eigentlich überflüssige chemische Anlagen investiert, in Brasilien genauso wie in Indonesien oder in Deutschland. Das hat Folgen: Mit jeder neuen Preiserhöhung beim konventionellen Diesel an der Tankstelle wird auch der Biodiesel angepasst. Hohe Ölpreise bedeuten hohe Margen für die Biodieselhersteller. Landwirte und Autofahrer zahlen drauf. Interessanterweise unterstützte ausgerechnet der Bauernverband bislang vor allem den Biodiesel. Die verbandseigene Union zur Förderung der Ölpflanzen (ufop), deren Präsident eine Biodieselanlage betreibt, betrachtet das naturbelassene Pflanzenöl als missliebige Konkurrenz für den Biodiesel. Damit kein Missverständnis aufkommt: Der Biodiesel ist dem konventionellen Diesel aus Erdöl klar vorzuziehen. Dennoch zündet diese Idee nicht in ausreichendem Maße. Die Gründe dafür sind oben beschrieben.

Wenn man von Ölsaaten spricht, haben die meisten Fachleute und Laien den Raps vor Augen: Strahlend gelbe Felder in nahezu allen Regionen Deutschlands. Jedoch hat der großflächige Anbau eine Reihe von Problemen erzeugt. Vor allem der hohe Stickstoffbedarf aus Mineraldünger und die Anfälligkeit der Reinkultur für Schädlinge lassen den Stern des Raps wieder sinken. Damit gerät ein großer Vorteil in den Hintergrund: Unsere einheimischen Ölpflanzen sind Blütenpflanzen, attraktiv für Insekten und Vögel. Gerade in von Getreide geprägten Anbaugebieten steigern sie die biologische Vielfalt.

Holt das Sonnengelb auf die Erde: Rapsfeld in Thüringen. Foto: HS

Die Debatte um Pflanzenöle bildet zurzeit genau das Gegenteil von Wasserstoff und Kernfusion ab: Sie sind reichlich vorhanden, aber kaum jemand bescheinigt ihnen eine Zukunft. Sie sind unscheinbar, niemand würde von einem Pflanzenölzeitalter oder einer Zukunftstechnologie reden. Sie sind so günstig, dass keine Milliarden investiert werden müssen, um sie wettbewerbsfähig zu machen. Sie haben keine Lobby, die in Berlin oder Brüssel zu großen Banketts einlädt. Weil sie bereits als Alternative zum Erdöl zur Verfügung stehen, haben sie auch Gegner.

Doch die Entwicklung spricht für sich: Noch vor wenigen Jahren wurde behauptet, dass man Pflanzenöle nicht nutzen könne, vor allem nicht in direkt einspritzenden Motoren. Dass sie damals schon in Fahrzeugen zum Einsatz kamen, wurde ignoriert. Mittlerweile haben die Leugner ihre Strategie gewechselt. Sie behaupten, dass heutige Motoren zwar Pflanzenöl tanken können, wohl aber nicht künftige. Das Öl sei zu dickflüssig für die neuen computergesteuerten Einspritzdüsen. Die strengeren Schadstoffwerte würden nie eingehalten. Wie so oft ist das Gegenteil der Fall: Die computergesteuerten Düsen kommen besser mit Pflanzenöl zurecht. Motoren mit Pflanzenölen mussten von jeher genauer einspritzen, diese Präzision steht den klassischen Dieseln noch bevor. Die Zukunft der Pflanzenöle liegt in Motoren, die speziell für diese Treibstoffe ausgelegt sind. Der Anfang sollte mit Traktoren gemacht werden. Dann bleibt der Kreislauf in der Landwirtschaft geschlossen. Im Augenblick spricht trotz heftiger Widerstände einiges dafür, dass die Entwicklung in diese Richtung geht. Naturbelassene Pflanzenöle im Tank von Traktoren haben zwar Charme für die Landwirte, stoßen aber auf wenig Gegenliebe der Biodiesellobby sowie der Landtechniker im Verband der deutschen Maschinen- und Anlagenbauer, in dem die Traktorenhersteller vereinigt sind. Die wachsende Nachfrage der Landwirte wird aber auch die konservativen Hersteller der Landmaschinen dazu bringen, Motoren für pflanzliche Treibstoffe anzubieten.

Zum Raps gibt es hierzulande viele Alternativen. Eine ist der Leindotter, eine Pflanze, die vor etwa hundert Jahren noch eine gewisse Rolle spielte und dann in Vergessenheit geriet. Erst vor wenigen Jahren wurde sie wiederentdeckt. Damals begaben sich einige Landwirte aus Bayern auf die Suche nach einem idealen Anbaupartner für Biergerste und Erbsen. Ein Forscher in Mecklenburg-Vorpommern gab ihnen den Tipp, Leindotter zu probieren. Mittlerweile wird die Pflanze auf einer Vielzahl von Höfen angebaut. Sie ergänzt sich sehr gut mit einer Reihe von Mischungspartnern. Seine tiefen Wurzeln und vor allem sein frühes Blattwachstum sorgen dafür, dass kaum Unkräuter hochkommen. Weil er bei Unwettern stabiler ist als etwa die Erbse, stützt er diese ab, so dass sie noch geerntet werden kann.

Wiederentdeckt: der Leindotter

Mittlerweile gibt es eine Vielzahl von Mischkulturen. Gemischt mit Erbse und Hafer erreichen Ökobauern mitunter Erträge, die an den konventionellen Landbau heranreichen. Inzwischen sind Mischfruchtkombinationen so rentabel, dass sie kommerziell angebaut werden. Aber damit ist die Geschichte des Leindotters noch nicht zu Ende. Er kann Öl liefern. Als Treibstoff ist es fast zu schade, da es sehr gesunde Fettsäuren enthält. Wenn aber nur die wertvollsten Chargen als Lebensmittel verwendet werden, bliebe immer noch ausreichend Treibstoff für die Traktoren übrig. Bislang hat sich die Förderbürokratie aber noch nicht überwinden können, ein entsprechendes Demonstrationsprojekt zu unterstützen. Andere Alternativen sind der Ackersenf oder der Hederich. Sie werden bislang als Unkräuter bekämpft. Der Ackersenf könnte leicht von Züchtern weiterentwickelt werden. Anstatt Unkräuter zu bekämpfen, können sie zunächst gefördert und anschließend genutzt werden. Mit züchterisch optimierten Sorten ließe sich ihr Ölpotenzial deutlich vergrößern. Generell gilt: Jede Ölpflanze liefert ein Öl, das sich in seiner chemischen Zusammensetzung vom Öl anderer Saaten unterscheidet. Deshalb ist es möglich, die Ölkulturen zu mischen und daraus einen optimierten Treibstoffmix zu ziehen. Leider hat es hierzu noch keine Forschungen gegeben, die sicher nur den Bruchteil einer Wasserstofftankstelle kosten würden.

Der Raps beweist: Die ganze Pflanze lässt sich ausnutzen. Die Pressrückstände werden verfüttert. Ihr hoher Eiweißgehalt erlaubt es den Bauern, importierte Soja teilweise zu ersetzen. Bei manchen Ölpflanzen ist der Pressrückstand zwar nicht als Futter zu gebrauchen, aber ein hervorragender Dünger. Auch die Stängel werden nicht auf den Müll geworfen. Wenn sie auf dem Feld bleiben, dienen sie ebenfalls als Dünger, schützen den Boden und sind vor allem ein hervorragendes Futter für die Regenwürmer, die den Boden locker halten. Den Raps nur energetisch auszunutzen, als Biomasse im Sinne der Energiewirtschaft, wäre zu kurz gedacht. Statt Presskuchen fressen die Rinder dann Soja, die in Brasilien und den USA produziert und über die Meere herbeigeschafft wurde. Die Regenwürmer gehen leer aus, die Qualität der Böden sinkt. Um die Fruchtbarkeit zu heben, muss der Bauer teuren Mineraldünger kaufen und mit erheblichem Energieaufwand einpflügen. Das schadet nicht nur der Energiebilanz, sondern auch dem Bauern und der Umwelt, denn während des Humusabbaus wird Kohlendioxid an die Atmosphäre abgegeben. Einen Ausweg bietet vielleicht die Verwertung der pflanzlichen Überreste in Biogasanlagen oder bei der Erzeugung von Holzgas. Versucht man aber, die Treibstoffe durch eine thermochemische Synthesegaserzeugung und die anschließende Verflüssigung zu erzeugen, geht in der ganzen Produktionskette so viel Energie verloren, dass sich Bioenergie kaum noch lohnt. Fast schlimmer noch: Da die gesamten Pflanzen zur Treibstoffgewinnung genutzt werden, bleibt nichts auf den Feldern zurück als Lebensgrundlage für die Kleinlebewesen und zum Humusaufbau. Mit dem thermochemischen Verfahren wird überdies für die pflanzlichen Treibstoffe das versucht, was sich schon bei der Kohleverflüssigung bis heute nicht durchsetzen konnte. Das Ergebnis ist ein synthetischer Flüssig-Treibstoff, genannt Sun Fuel, der perfekt auf die Bedürfnisse der Motorenhersteller abgestimmt ist. Selbstverständlich hält die Automobilindustrie von dieser Idee viel mehr als von der Abstimmung ihrer Motoren auf die naturbelassenen Kraftstoffe. Und ebenso hat Shell ein großes Interesse an dem Erfolg dieser Technologie, da es über die Rechte und Erfahrung bei der Fischer-Tropsch-Verflüssigungstechnologie verfügt. Eine gemeinsame Allianz von Mineralölwirtschafts- und Automobilunternehmen setzt sich mit großem Anklang bei der Politik ein, die große Unternehmen leider oft sehr viel ernster nimmt als kleine Pflanzenöl-Müller.

Die katalytische Direktverflüssigung könnte im Vergleich zum thermochemischen Verfahren womöglich eine deutlich bessere Energiebilanz aufweisen. Über diese Technik, die bereits in Mexiko eingesetzt werden soll, liegen bisher zu wenige unabhängige Kenntnisse vor. Immerhin gibt es allerdings erste Laborergebnisse aus der Hochschule für Angewandte Wissenschaften in Hamburg. Energetisch interessanter ist die anaerobe Erzeugung von Biogas. Zukünftig könnte Biogas auch im Kraftstoffbereich eine relevante Rolle spielen. Dabei könnte man auf das grenzüberschreitende Erdgasnetz zurückgreifen, um Biogas einzuspeisen. Erste positive Erfahrungen aus Schweden und der Schweiz liegen vor. In Deutschland hat der Gesetzgeber in den letzten Jahren einige Anreize hierfür geliefert. Aber das können nur die ersten Schritte auf dem Weg zu einer europaweiten Biogaseinspeisungsstrategie gewesen sein.

Vernetzung nach der Ölschwemme

Im Folgenden soll aufgezeigt werden, wie vernetztes Denken in der Landwirtschaft im Zeitalter nach der Ölschwemme aussehen mag: Der vernetzt denkende Landwirt wird seinen Acker so pflegen, dass er Mineraldünger, Landmaschinen und Energie aus fossilen Quellen einsparen kann. Er wird darauf verzichten, den Boden tief zu pflügen, weil diese Arbeit sehr viel Energie und schwere Zugmaschinen braucht. Das ist möglich und wird von einigen Bauern bereits praktiziert. Regenwürmer sind in Zusammenarbeit mit Springschwänzen in der Lage, einen lebendigen Boden aufzulockern. Dies funktioniert aber nur, wenn der Landwirt weder Salznitrate einbringt noch mit Maschinen den Boden verdichtet. Die Rückkehr der Kleinlebewesen und Mikroben in die Böden ist essenziell. Sie lockern die Krume, damit die Erde den Regen aufsaugen kann wie ein Schwamm. Ein guter Boden fasst 150 Liter Wasser je Quadratmeter und Stunde. Verdichtete Böden hingegen werden weggeschwemmt. Bodenschutz ist Klimaschutz! In den letzten Jahrzehnten ging weltweit sehr viel Humus verloren. Dabei wurden Klimagase freigesetzt. Mit den richtigen Anbaumethoden kann dieser Prozess umgekehrt werden. Lockerer Boden gibt den Wurzeln und der Kleintierwelt eine Chance. Wenn Humus neu gebildet wird, wachsen Pflanzen. Sie entnehmen Kohlendioxid aus der Atmosphäre und binden es in ihren Stämmen, in ihren Zweigen und im Boden. Zugleich steigert sich die Bodenqualität. Der vernetzt denkende Landwirt lässt ehemalige Unkräuter als Nützlinge für sich arbeiten, wie oben an den Beispielen des Leindotters, des Ackersenfs oder Hederichs beschrieben. Mit Pflanzenölen kann der Bauer den verbleibenden Energiebedarf gut abdecken. Bleibt der Stickstoff. Wie wir gesehen haben, tragen die Regenwürmer schon etwas dazu bei. Wenn der Bauer jetzt noch seine – möglichst in einer Biogasanlage vergorene – Gülle mit Stroh vermischt auf die Felder aufbringt, hat er ein gutes Kohlenstoff-Stickstoffgemisch, mit dem wiederum auch die Regenwürmer gut leben können. Der Stoffkreislauf ist geschlossen.

Anstatt die Äcker durch thermochemische Raffinerien zu schieben oder in Wasserstoffutopien zu flüchten, brauchen wir Pflanzenöle. Um sie zu fördern, sind folgende Maßnahmen wichtig: An erster Stelle steht die Sicherstellung der Ölqualität. Leider haben die zuständigen Behörden dieses Thema nur schleppend in Angriff genommen. Erst politischer Druck seitens der Grünen hat etwas bewegt. Noch ist die gleich bleibende Qualität der Öle unzureichend. Das erschwert die flächendeckende Umstellung der Landwirtschaft auf diesen umweltverträglichen Treibstoff. Die Qualität kann nur in Zusammenarbeit vor allem mit den kleinen Ölmühlen gesichert werden. Sämtliche Stoffe, die im Motor stören, müssen dem Öl entnommen werden. Zurzeit wird eine Qualitätsnorm erarbeitet, die künftig für alle Pflanzenöle gilt.

Sortieranlage für Ölsaaten. Foto: Thomas Kaiser

In einem weiteren Schritt müssen mehr Ölpflanzen erschlossen werden. Dazu zählen die Sonnenblume, der Lein, der Leindotter, der Hederich, der Hanf und der Senf. Gentechnik ist überflüssig, Züchter können diese Aufgabe übernehmen. Die optimale Zusammenstellung von Mischungspartnern ist das Kontrastprogramm zur genetischen Optimierung einer Pflanzensorte in schädlicher Reinkultur. Dort, wo sich die Pflanzen für Mischungen eignen, sollten sie gemischt angebaut werden. Der Mischfruchtanbau selbst stellt ein wichtiges Forschungsfeld dar. Daneben gilt es natürlich, den Raps hinsichtlich seiner ökologischen Vertretbarkeit zu optimieren.

Ein nächstes Maßnahmenbündel betrifft die Motoren. Wir brauchen Umrüstsätze für die neuen Modelle. Die Erkenntnisse sollten in die Entwicklung zukünftiger Motoren einfließen, damit in ihnen direkt Pflanzenöle eingesetzt werden können und die teuren Umrüstungen entfallen. Ein besonderer Charme der boden- und wasserverträglichen Pflanzenöle liegt in den umweltsensiblen Einsatzbereichen wie der Landwirtschaft und der Schifffahrt. Damit Subventionen auf den Schiffs- und Agrardiesel die Pflanzenöle nicht aus dem Markt halten, sollten diese Steuervorteile für Erdölkraftstoffe gänzlich abgeschafft werden.

In Entwicklungsländern sollten Pflanzenöle unterstützt werden – vor allem in Regionen, die gezeigt haben, dass sie solche Projekte erfolgreich umsetzen können. Zugleich brauchen wir ökologische Standards, deren Einhaltung sicherzustellen sind. Die Europäische Kommission hat in ihrem Aktionsplan zur Biomasse vorgeschlagen, entsprechende Zertifikate einzuführen. In einer Zeit, in der die Bauern von Jahr zu Jahr weniger verdienen und zugleich die Nachfrage nach Pflanzenölen wächst, bietet der Anbau von Pflanzenölen ein neues wirtschaftliches Standbein. Hier gilt es, Strukturen zur Erzeugung und zum Vertrieb aufzubauen, die den Bauern eine faire Chance geben und nicht Großbauern oder Mineralölkonzerne bevorzugen.

Es wäre blauäugig, zu erwarten, dass der Staat von sich aus handeln wird. Die Erfahrung hat gezeigt, dass die Bürokratie auch auf Druck aus der Politik nur widerwillig reagiert. Deshalb werden auch in Zukunft vor allem die Unternehmen und die Landwirte selbst gefragt sein, um weitere Erfolge zu erzielen. Eine sehr spannende Überlegung besteht darin, den Open-Source-Ansatz aus der Software auf die Forschung zu übertragen. So wie sich heute jeder bestimmte Computerprogramme aus dem Internet laden kann, sollten sich die Landwirte untereinander austauschen, ihre Erfahrungen weitergeben und voneinander lernen. Der Mischfruchtanbauverband bringt mit seinen Tagungen und Feldbegehungen bereits Praktiker und Wissenschaftler zusammen.

Vielleicht gelingt es, Kommunen für Projekte mit Pflanzenölen und dezentrale Strategien zu gewinnen. Deutschland ist Weltmeister bei der Installation von Photovoltaikanlagen. Dass dieser Erfolg seinen Ursprung in Aachen, Hammelburg und Freising hatte, weiß kaum jemand. Aus diesen Erfahrungen lässt sich lernen. Vermutlich gibt es eine Vielzahl weiterer Möglichkeiten, an der Entwicklung der Pflanzenöle zu arbeiten. Was wir benötigen, ist eine internationale Strategie, wie sich dezentrale Pflanzenöle gegen zentralisierte Energiequellen durchsetzen können. Hier müssen neue Wege des Technologietransfers beschritten werden. Eine Idee wäre, das Wissen über Pflanzenöle und die Umrüstung von Motoren im Internet in verschiedenen Sprachen bereitzustellen, ähnlich wie die Internet-Enzyklopädie Wikipedia. Dies könnte eine wichtige Aufgabe der Offenen Internationalen Universität für erneuerbare Energien werden. Neben dem Pflanzenöl sind auch andere Biokraftstoffe wie Bioethanol zu unterstützen.

Erneuerbare Energien können nur dann ihre Wirkung entfalten, wenn sie in eine nachhaltige Wirtschaftsform eingebettet sind. Sonst werden sie im endlos wachsenden Energiehunger aufgesaugt. Die Preise müssen die Wahrheit abbilden, und die Bürger müssen global lernen, diese Wahrheit zu verstehen und zu akzeptieren. Eine Rückkehr in die frühen Agrargesellschaften wird es nicht geben. Der Abschied vom Erdöl und der damit verbundene Umbau der Landwirtschaft weist nach vorn. Die Pflanzenöle können in den Industrienationen das Erdöl in wichtigen Nischen ersetzen. In Entwicklungsländern mit niedriger Bevölkerungsdichte können sie den Erdölverbrauch sogar wesentlich senken. Dabei werden sie von vielen unterschätzt, nur von wenigen überschätzt. Unterschätzt werden sie von all denjenigen, die nur Raps sehen und das Thema national betrachten. Überschätzt werden sie von denjenigen, die meinen, dass auch bei einem deutlich steigenden Weltenergieverbrauch große Anteile der Kraftstoffversorgung durch Pflanzenöle zur Verfügung gestellt werden können.

Die Erde gibt langfristig nur das her, was nachhaltig angebaut wurde. Derzeit werden weltweit ca. sechzig Millionen Tonnen Pflanzenöle gewonnen. Demgegenüber werden im Jahr etwa 4,2 Milliarden Tonnen Erdöl gefördert. Geht man von einer Verzehnfachung der weltweiten Pflanzenölproduktion aus, muss man sich darauf einstellen, dass damit lediglich ein Siebtel der Ölfördermenge ersetzt werden kann. Dabei ist der Nachfrageanstieg in den Entwicklungs- und Schwellenländern nicht berücksichtigt. Der Trick an der Sache ist, mit der Natur zu arbeiten, nicht gegen sie. Was sich simpel anhört, ist längst keine Selbstverständlichkeit und war es, wie die Geschichte der Menschheit zeigt, vielleicht auch nie gewesen. Der Mensch neigte seit jeher dazu, scheinbaren Überschuss schnell zu verbrauchen. Ausbeutung von natürlichen Ressourcen ist keine Erfindung der Neuzeit. Es ist an der Zeit, endlich umzudenken. Und entsprechend zu handeln.

Mit Strom auf allen Straßen

**Zum Ende des Ölzeitalters steht den
Elektromobilen eine Renaissance bevor**

Von Carsten Pfeiffer und Dag Schulze

Unter so genannten Experten gelten Elektromobile für den Straßenverkehr als tote Technologie. Sie wurden beerdigt, Forschungsmittel gibt es nur sporadisch und in der Kraftstoffstrategie der Bundesregierung kommen sie nicht mehr vor. Dabei bieten stromgetriebene Fahrzeuge viele Antworten auf die sich häufenden Verkehrsprobleme. Sie stoßen keine Emissionen aus und sind ausgesprochen leise. Wer mit Strom fährt, spart Benzin oder Diesel, und reduziert den Öldurst des Straßenverkehrs. Stammt der Antriebsstrom aus erneuerbaren Quellen, sinken ihre Emissionen auf Null. Wer weiter als bis zum Verbrennungsmotor denkt, für den ist offensichtlich: Elektromobile sind neben den Biokraftstoffen der entscheidende Ausweg aus der Ölabhängigkeit des Verkehrs. Noch sind Elektromobile ein Geheimtipp. Einige Unverdrossene haben die Hoffnung in diese Technologie nie aufgegeben. Die Fortschritte in der Entwicklung neuer Batterien und Hybridautos kündigen die Wiedergeburt dieser Technik an.

Bisher hat das Problem der Batterien den Durchbruch bei den Elektromobilen wesentlich behindert. Wirklich gute Speicher für Strom gibt es noch nicht. Das gilt für Elektroautos genauso wie für Handys oder Notebooks. Ihre Batterien entladen sich zu schnell und können zu wenig Energie aufnehmen. Wer bessere Batterien als die Konkurrenz vorweisen kann, gewinnt schnell Marktanteile. Folglich fließt sehr viel Geld in die Entwicklung neuer Stromspeicher, allerdings eher für die Kommunikationstechnik und nicht für Elektromobile. Mittlerweile ist Bewegung in die Forschung geraten, einige Unternehmen haben viel versprechende Batteriekonzepte in ihren Labors. Eine besondere Rolle könnte die Nanotechnologie spielen, deren Strukturen sich nach Atomabständen bemessen. Mit ihr lassen sich spezielle Beschichtungen entwerfen, die den Aufladeprozess sowie das Speichervermögen der Batterien deutlich verbessern.

In den meisten Elektrofahrzeugen steckt noch die alte Bleibatterie. Sie wurde schon Anfang des vergangenen Jahrhunderts genutzt, um Mobile anzutreiben. Das war lange, bevor Benzin und Diesel ihren Siegeszug durch die Automotoren antraten. Der Elektromotor hatte im Vergleich zu den laut knatternden Verbrennungsmotoren einen großen Vorteil: Er lief kaum hörbar und verschreckte die Pferde nicht, die seinerzeit noch die Straßen der Städte bevölkerten. Im Laufe der Zeit stiegen die Anforderungen an die Reichweite des Fahrzeugs und seine Geschwindigkeit. Die Treibstoffe aus Erdöl gewannen das technologische Wettrennen. Die Elektromobile blieben auf der Strecke.

Der Lunar Rover der Apollo-Missionen aus den 70er Jahren benötigte keine Batterie, fuhr aber bereits mit Sonnenenergie. Foto: Nasa

Ein Elektroauto mit Bleibatterie hat nur etwa ein Zehntel der Reichweite eines vergleichbaren Benzin- oder Dieselfahrzeugs. Mittlerweile wurden die Batterien aus Blei durch Nickel-Metallhydride abgelöst. Dadurch verdoppelt sich zwar die Reichweite des Elektromobils. Doch an die Entfernungen, die ein Benzinauto mit einer Tankfüllung schafft, kommt es nicht heran. Kurz vor der Serienfertigung stehen nun die Fahrzeugbatterien, die Lithium-Ionen nutzen. In Handys und Laptops gelten sie schon als Standard, allerdings sind die Leistungsanforderungen dort deutlich geringer als in Fahrzeugen. Mit Lithium-Batterien könnte ein Elektromobil immerhin 300 Kilometer zurücklegen, bis es wieder an die Steckdose muss. In mehreren Labors rund um die Welt wird an der Weiterentwicklung dieser Speicher und an neuen Technologien gearbeitet. Eine neuartige Lithium-Batterie, mit der unser Elektroauto erst nach etwa 450 Kilometern wieder zum Aufladen müsste, ist als Serienprodukt schon für 2007 angekündigt. Neben dem Bestreben, immer mehr elektrische Energie zu speichern, zielt die Batterieentwicklung hauptsächlich auf höhere Lebensdauer, kürzere Ladezeiten, höhere Leistungsdichten und niedrige Herstellungskosten.

Die Hybride: Zwitter aus Verbrennungs- und Elektromotor

Gleichzeitig entwickelt sich die Technologie der so genannten Hybridautos weiter. Darunter versteht man Fahrzeuge, die sowohl einen klassischen Verbrennungsmotor als auch einen Elektromotor besitzen. Je nach Batteriegröße können sie kurze Strecken in der Stadt ausschließlich mit Strom befahren, während sie für Überland- und Autobahnfahrten vor allem den Verbrennungsmotor nutzen. Gerade der Stadtverkehr verursacht einen wesentlichen Anteil der schädlichen Abgase, so dass Hybridautos einen wesentlichen Beitrag zur Verbesserung der Luftqualität in den Ballungszentren leisten. Und sie senken den Ölverbrauch.

Während die deutsche Automobilindustrie noch überlegte, ob sie den Franzosen und Japanern bei der Dieselfiltertechnik folgen soll, wurde sie ein weiteres Mal überholt: Toyota hat bereits die zweite Generation eines Hybridautos auf den Markt gebracht, mit großem Erfolg. Toyota hatte den Vorstoß über Jahre hinweg vorbereitet und Erfahrung mit dem älteren Hybridmodell Prius gesammelt. Nun konfrontierte Toyota die Konkurrenz mit einem ausgereiften Nachfolger und kündigte weitere Hybridmodelle an. Honda zog sofort nach. Die Europäer und Amerikaner taten, was sie in solchen Situationen meist tun: Sie redeten die Hybridtechnologie in der Öffentlichkeit schlecht und beschleunigten zugleich ihre eigenen Entwicklungen. Heute sind alle großen Autokonzerne damit beschäftigt, Hybridfahrzeuge zu entwickeln und zu testen.

Hybridautos haben wichtige Vorteile: Neben der Einsparung von Benzin oder Diesel sind sie in der Lage, Bremsenergie zurückzugewinnen. Der Elektromotor wirkt dann wie ein Generator, der den erzeugten Bremsstrom in die Batterie zurück speist. Für den Leerlauf wird fortan keine Energie mehr benötigt, der Verbrennungsmotor bleibt im Stop-and-Go der Städte untätig.

Blick unter die Motorhaube eines Toyota Prius. Foto: HS

Richtig spannend werden die Hybride, wenn man sie an eine Steckdose anschließt. So bauten Bastler im Sonnenstaat Kalifornien eine größere Batterie in den Toyota Prius ein, die sich durch ein Kabel an die Steckdose anschließen und aufladen lässt. Mittlerweile hat auch DaimlerChrysler einen solchen Plug-in-Lieferwagen im Testbetrieb. Renault stellte zwischenzeitlich den Kangoo Elect'road bereits in Kleinserie her.

Die meisten Strecken, die mit Privatautos oder Lieferwagen gefahren werden, sind relativ kurz, höchstens mittellang. Diese Strecken kann man mit dem Strom aus der Batterie fahren. Der Strom treibt den Elektromotor an. Der Elektromotor ist – energetisch betrachtet – viel besser als der Verbrennungsmotor. Er passt sich besser an, wenn er unter Teillast gefahren wird, braucht kein Getriebe und keinen Starter. Steigen die Ölpreise weiterhin, werden viele Fahrzeughalter diese Vorteile erkennen und auf Plug-in-Hybrids umsteigen.

Damit ist die Geschichte aber noch nicht beendet. Auch der Elektromotor wird dem Einsatz in Autos besser angepasst. So hat beispielsweise Mitsubishi neuartige Radnabenmotoren in die Räder eines Forschungsfahrzeugs eingebaut. Im direkten Beschleunigungsvergleich erscheint ein Porsche Carrera als lahme Ente. Der Grund: Elektromotoren können über den gesamten Leistungsbereich hinweg ihre Kraft voll und stufenlos entfalten. Verbrennungsmotoren kommen erst im oberen Drehzahlbereich in Fahrt. Deshalb brauchen sie ein Getriebe. Plug-in-Hybrid-Autos versprechen: Der Fahrspaß bleibt nicht auf der Strecke.

Doch nicht nur die technische Entwicklung im Fahrzeug wird voranschreiten. Damit die Fahrzeuge nicht nur zu Hause in der Garage, sondern auch am Arbeitsplatz, auf öffentlichen Straßen oder auf Parkplätzen ihren Betriebsstrom tanken können, muss ein Netz von elektrischen Zapfsäulen entstehen. Davon profitieren auch Elektroscooter und andere strombetriebene Fahrzeuge. Schon bald werden sich die Autofahrer an die komfortablen Elektromotoren gewöhnen. Das Elektromobil wird zunächst als Zweit- oder Drittwagen dienen, das meist nur kurze Strecken fährt.

Renault ging schon in Serie

Renault zeigte mit seinem Kangoo Elect'road, was ein Plug-in-Hybrid zu leisten vermag. Das Fahrzeug wird als Familienauto mit fünf Sitzen und als Lieferfahrzeug angeboten. In der Variante Elect'road erreicht der Wagen mit elektrischem Antrieb immerhin 120 Kilometer in der Stunde. Ein kleiner Verbrennungsmotor mit 500 Kubikzentimetern Hubraum erweitert den Aktionsradius beträchtlich – bei sehr geringem Spritverbrauch. Der Fahrer entscheidet während der Fahrt per Knopfdruck, wann der Verbrennungsmotor zugeschaltet wird. Dies wird er tun, wenn die Batterie so weit entladen ist, dass der Wagen aus elektrischer Kraft heraus das Ziel nicht mehr erreichen wird. Nur auf die Batterie gestützt, kann das Auto sechzig bis 100 Kilometer schaffen. Der Verbrennungsmotor treibt einen Generator an, der die Batterien auflädt. Bei einer Geschwindigkeit von etwa siebzig Kilometern pro Stunde produziert der Generator mehr Strom, als der Elektromotor verbraucht. Dadurch werden die Batterien aufgeladen, ganz so wie bei einer Lichtmaschine im konventionellen Auto. Insgesamt, die Größe des Tanks eingerechnet, kann der Wagen bis zu 180 Kilometer weit fahren.

Der Kangoo Elect'road ist ein Elektroauto mit hohem Gebrauchswert. Er lässt sich wie ein herkömmliches Fahrzeug mit Verbrennungsmotor fahren. Es bricht kein Stress aus, wenn der Ladezustand gegen Null geht und keine Steckdose in der Nähe ist. Für die meisten Fahrten ist die Batteriekapazität des Kangoo Elect'road völlig ausreichend. Statistisch gesehen, reichen neunzig Prozent aller Autofahrten in Deutschland nicht weiter als 25 Kilometer. So kommt man mit dem Kangoo Elect'road in der Regel zum Ziel und wieder zurück, ohne Zwischenstopp an einer Steckdose oder Unterstützung durch den Verbrennungsmotor. Im rein elektrischen Betrieb ist der Kangoo Elect'road mit einem Verbrauch von umgerechnet weniger als drei Litern auf 100 Kilometern deutlich sparsamer als vergleichbare Modelle, die nur mit Benzin oder Diesel fahren.

Die Hybrid-Technologie ist nicht nur auf Personenwagen beschränkt. Im September 2004 stellte Mercedes auf der Internationalen Automesse für Nutzfahrzeuge den beliebten Transporter Sprinter mit Hybrid-Antrieb vor. Mercedes plant, zwei unterschiedliche Versionen auf den Markt zu bringen: eine ohne und eine mit Anschluss für die Steckdose (Plug-in).

In beiden Versionen ist zwischen dem Getriebe und der Kupplung ein Elektromotor integriert. Eine Nickel-Metallhydrid-Batterie dient als Speicher für die Elektroenergie, die beim Bremsen erzeugt oder in der Plug-in-Variante über eine Steckdose zugeführt wird. Die Batterie des Plug-in-Sprinters hat eine Kapazität von 14 Kilowattstunden. Damit kann der Transporter bis zu dreißig Kilometer fahren. Ein praktischer Nebeneffekt des Elektromotors ist, dass er sich auch als Generator zum Betrieb von elektrischen Aggregaten und Werkzeugen bis zu einer Leistung von vierzig Kilowatt nutzen lässt. Dies werden beispielsweise Handwerker und Feuerwehren sehr zu schätzen wissen. Das Mehrgewicht der Elektroausrüstung liegt bei rund 350 Kilogramm. Kämen leichtere Lithium-Batterien zum Einsatz, würde die zusätzliche Last auf 160 Kilogramm schrumpfen. Das Mehrgewicht der einfachen Version ohne Steckdose liegt bei nur rund 100 Kilogramm. Allerdings ermöglicht die deutlich kleinere Batterie mit einer Kapazität von drei Kilowattstunden lediglich eine Reichweite von vier Kilometern. Dies ist höchstens für den Lieferverkehr in der Fußgängerzone oder Fahrzeuge auf Flugplätzen und Fabrikhallen interessant.

Das Wechselspiel von Elektro- und Verbrennungsmotor ermöglicht die Anpassung an verschiedene Betriebssituationen: Emissionsfrei und lärmarm in sensiblen Bereichen durch den reinen Elektrobetrieb, Kraftstoff sparend durch die intelligente Kombination beider Motorarten im Hybridbetrieb. Der Elektromotor unterstützt den Verbrennungsmotor insbesondere bei niedrigen Geschwindigkeiten und bei Beschleunigungsvorgängen, auch bei kraftvolleren Bergfahrten. Die gewünschte Betriebsart kann per Knopfdruck gewählt werden.

Mit Strom auf zwei und drei Rädern

Zweiräder spielen überwiegend in südlichen Ländern eine große Rolle. Bei uns finden meist jüngere Menschen Gefallen an Mofas, Scootern oder Motorrädern. Es gibt Electroscooter, die ihrer Benzinkonkurrenz überlegen sind. Höhere Produktpreise gleichen sie durch niedrigere Energiekosten aus. Ein guter Elektroroller verbraucht so wenig Strom, dass er selbst mit reinem Solarstrom noch günstiger wäre als der Sprit schluckende Verbrennungsmotor, der sogar an der roten Ampel weiter tuckern muss. Ein Elektroscooter hingegen ist fast geräuschlos. Wenn alle zwei Millionen Roller in Deutschland durch Elektroscooter ersetzt würden, reicht die Stromproduktion eines kleinen Offshore-Windparks mit acht Windrädern zu je fünf Megawatt aus, um ihren Antriebsstrom zu erzeugen. Es dürfte kaum eine Maßnahme geben, die eine ähnlich gute Umweltbilanz aufweist.

Ein ganz besonderer Elektroscooter wäre der C1 Scooter von BMW. Vor einigen Jahren hatten die Bayern einen Roller auf die Straße gebracht, der sich vor anderen Zweirädern in einem wichtigen Punkt auszeichnete: Er ist ausgesprochen sicher. Ein Dach und Seitenbügel schützen den Fahrer, der sich anschnallen kann und keinen Helm nutzen muss. Leider wurden die C1 Elektroscooter aus den Testlabors nie in die Verkaufssäle gebracht. Stattdessen wurde er mit einem Verbrennungsmotor ausgestattet, der sämtliche Hunde knallartig von der Straße vertrieb. So war es für die Hunde und die Anwohner ein großes Glück, dass BMW den Roller schon bald wieder vom Markt nahm. Das Modell hatte die erhoffte Umsatzrendite verfehlt. Seither wird ein Prinz gesucht, der das Dornröschen C1 wieder wach küsst. Möglicherweise werden die steigenden Ölpreise die Suche nach dem Prinzen beschleunigen, sprich: elektrisieren.

Der C1 Scooter von BMW begeisterte auch Formel-Eins-Weltmeister Michael Schumacher – allerdings nur mit herkömmlichem Benzinmotor. Foto: BMW AG

Ein optimal ausgestatteter C1 Elektroscooter könnte den Energieverbrauch im Verkehr drastisch reduzieren. Ein Verbrauch von umgerechnet 0,5 Litern oder weniger sollte möglich sein. Er könnte aufgrund seines Sicherheitsvorteils und der Befreiung von der Helmpflicht von sehr vielen Fahrern akzeptiert werden, denen andere Roller und Motorräder zu unsicher und zu unpraktisch sind. Das fördert den Umstieg vom Auto. Die meisten Stadtfahrten lassen sich mit dem C1 erledigen. Für gelegentliche Urlaubsfahrten, die den Scooter möglicherweise überfordern, könnte man Car-Sharing nutzen.

Umweltfreundliche Mobilität im Nahverkehr bieten auch die so genannten Elektroleichtmobile. Sie verfügen über mehr als zwei Räder und eine geschlossene Fahrerkabine, die ein bis zwei Personen und etwas Gepäck aufnimmt. Ihr Gewicht und ihre Größe liegen zwischen denen von Scooter und Auto. Sie verbrauchen umgerechnet zwischen einem halben und zwei Litern auf 100 Kilometer, bei Reichweiten von vierzig bis 100 Kilometern. Durch ihre kompakte Bauweise eignen sie sich besonders für die Städte und Ballungsräume, wo Spitzengeschwindigkeiten von fünfzig bis achtzig Kilometer pro Stunde völlig genügen.

Hans-Josef Fell mit seinem Solarmobil Twike vor der Solaranlage in Arnstein. Foto: Fell

In Deutschland haben der City-El und der Twike die größte Verbreitung gefunden. Beide Fahrzeuge haben drei Räder und werden in kleinen Serien hergestellt. Sie bieten ihren Nutzern eine höhere Sicherheit als Zweiräder, haben im Falle eines Unfalls mit bis zu zehnmal schwereren Mittelklassewagen aber schlechte Karten. Sie werden erst dann eine größere Rolle spielen, wenn sich aufgrund der steigenden Ölpreise ein energieeffizienter und Platz sparender Mobilitätsstil durchsetzt.

Mit gutem Beispiel voran: Elektromobilität im öffentlichen Verkehr

Elektromobilität ist eine interessante Variante für den öffentlichen Verkehr. Bei der Analyse des öffentlichen Nahverkehrs fällt auf, dass Dieselbusse direkt vom Ölpreisanstieg betroffen sind; Erdgasbusse werden schnell folgen. Anders ist dies bei den U- und S-Bahnen sowie den Straßenbahnen, die mit Elektromotoren fahren und ihre Energie aus Stromleitungen beziehen. Die S- und U-Bahnen sind teuer, ihr Gleisnetz lässt sich nur langsam ausbauen. Anders die Straßenbahnen: Zwar sind auch sie an Schienen gebunden und beziehen ihre Energie aus Oberleitungen. Doch sind die Schienen und Stromdrähte schneller und kostengünstiger verlegt als bei den Stadtschnellbahnen, die das aufwändige Gleisbett der klassischen Eisenbahnen benötigen. Die Straßenbahnen könnten die Gewinner der Ölkrise werden.

Zurzeit werden viel versprechende Zwischentransportsysteme entwickelt, wie Buszüge, Busbahnen oder Straßenbahn auf Gummireifen. Lenkbare Räder erhöhen ihre Flexibilität, man kann auf teure Schienen oder Gleise verzichten. Werden sie elektrisch angetrieben, bleibt das Problem der gleichfalls teuren Oberleitung. Hier ist deutlich mehr Grips gefragt. So sind Straßenbahnen denkbar, die nur auf Teilstrecken Oberleitungen mitnutzen, die bereits vorhanden sind. Die Strecken dazwischen überbrücken sie mit Batterien. Die Batterien werden an den Haltestellen, an den Betriebshöfen und in den Abschnitten mit Oberleitungen aufgeladen. Der Speicherbedarf lässt sich vorab gut berechnen. Brennstoffzellen und Dieselmotoren wären – zumindest im Stadtverkehr – überflüssig. Wenn die Haltepunkte weit auseinander liegen und Oberleitungen fehlen, wären Brennstoffzellen durchaus sinnvoll. Doch das ist Zukunftsmusik, in der Vergangenes zu neuen Ehren kommen könnte: So verfügten beispielsweise die Gyro-Busse, die es in den 50er Jahren in Yverdon (Schweiz), Leopoldville (heute Kinshasa im Kongo) und Gent (Belgien) gab, an einigen Haltestellen über elektrische Ladestationen, wo den Schwungradspeichern in den Bussen wieder Energie zugeführt wurde.

Mit solchen Ideen nähern sich Busse und Straßenbahnen an. Das ist nicht wirklich neu: Busse mit Oberleitung waren früher in Deutschland keine Seltenheit. In Osteuropa sind sie weit verbreitet. Die teilweise Elektrifizierung des Busnetzes wäre tatsächlich eine viel versprechende Maßnahme. Auf Hauptstrecken könnten Oberleitungen errichtet werden. Zwischenabschnitte könnten die Busse mit Batterien überbrücken, die sie zudem bei Bedarf abseits der Hauptstrecken an einigen mit Stromtankstellen ausgerüsteten Haltestellen wieder aufladen. Wer weiß, vielleicht werden sie unter anderem Namen zurückkommen? Als Tram-Busse oder vielleicht als Plug-in-Hybrid-Busse? Lassen wir uns überraschen. Oder noch besser, treiben wir die Entwicklung voran, dass die Technik verfügbar ist, wenn sie gebraucht wird. Wer schon mal ein wenig Zukunft schnuppern möchte, kann das Städtchen Nordhausen im Harz besuchen. Dort fährt Deutschlands erste dieselelektrische Hybridstraßenbahn.

Tankstellen für Strom

Elektrofahrzeuge benötigen spezialisierte Werkstätten und Stromtankstellen, wo die Batterien der Fahrzeuge wieder aufgeladen oder ausgetauscht werden. Für den Individualverkehr sollten die Elektrozapfsäulen flächendeckend verfügbar sein, beispielsweise an den normalen Tankstellen, an Raststätten oder Parkplätzen. Die Batterien brauchen noch viel mehr Zeit, um sich aufzuladen, als beispielsweise ein Benzintank, der in wenigen Minuten befüllt ist. Sinnvoll wäre es, parkende oder nächtlich abgestellte Fahrzeuge an die Stromsäule anzuschließen. Strom ist faktisch überall vorhanden, denn das Stromnetz ist bei uns sehr engmaschig geknüpft. So könnten beispielsweise Straßenlaternen zu Stromtankstellen erweitert werden.

Park & Charge (Parken und Aufladen) ist das im deutschsprachigen Raum verbreitetste System für Stromtankstellen. Der Bundesverband Solare Mobilität koordiniert dieses Netz, das an den verschiedenen Orten von privaten Trägern betrieben wird. Dabei werden auf reservierten Parkplätzen einfache, abschließbare und einheitlich gekennzeichnete Stromtankstellen aufgestellt. Der Zugang und die Zahlung erfolgt über bundeseinheitliche Schlüssel und eine Jahresvignette. Der Bundesverband empfiehlt, die Stromtankstelle mit regenerativen Energien zu versorgen, etwa aus Solarzellen, Windkraft oder Wasserkraft.

Die Stromtankstellen werden von mehreren Herstellern angeboten. Die Systeme sind mit Schlüsseln oder Karten zugänglich. Sie können als Einzelgeräte aufgestellt oder an Hauswänden und Laternenmasten montiert werden. In der Regel nutzen sie das vorhandene Stromnetz, dadurch bleiben die Kosten für die Tanksäulen niedrig. Außerdem werden Schnellladestationen angeboten. Dafür lässt sich das kommunale Stromnetz nur bedingt nutzen, da die erforderlichen hohen Leistungen nur an bestimmten Punkten abgegriffen werden können. Für Linienbusse zum Beispiel gibt es Induktionsladegeräte, um die Batterien berührungslos aufzuladen.

Elektromobile werden den Verkehr nicht nur leiser und sauberer machen oder die Abhängigkeit vom Erdöl verringern. Sie werden auch die Windkraft und die Solartechnik befruchten. Wind- und Sonnenenergie sind so genannte fluktuierende Energien. Sie lassen sich dann nutzen, wenn der Wind weht und die Sonne scheint, also nicht kontinuierlich über den gesamten Tag mit seinen 24 Stunden hinweg. Solange sie nur einen verhältnismäßig geringen Anteil zur Stromversorgung beisteuern, spielt dies kaum eine Rolle. Wächst ihr Anteil jedoch, muss das Lastmanagement im Stromnetz angepasst werden. Das bedeutet: Die anderen Stromerzeuger sowie die Stromverbraucher müssen an das schwankende Angebot von Wind- und Solarstrom angepasst werden. Ein intelligentes Lastmanagement ist meist günstiger als teure Speicher, die das zeitweise Überangebot von Strom im Netz puffern. Relativ preiswert sind Pumpspeicherwerke, in denen der Überschussstrom verwendet wird, um Wasser aus dem Tal in einen höher gelegenen Speichersee zu pumpen. Übersteigt der Strombedarf das Angebot im Versorgungsnetz, werden die Schleusen geöffnet. Das Wasser schießt zu Tal und treibt dabei Turbinen an, die zusätzlichen Strom produzieren.

Fahrzeug an einer Tankstelle für Wasserstoff in Berlin. Foto: BMW AG

Strom oder Wasserstoff?

Doch auch Pumpspeicherwerke haben Grenzen. Werden größere Speicherkapazitäten benötigt, wäre es sehr teuer, neue Speicherkraftwerke in die Landschaft zu setzen. Einen Ausweg bieten die Elektromobile. Sie bieten unzählige kleine Speicher an – in den Fahrzeugen. Sie können in das Lastmanagement des Stromnetzes eingebunden werden. Diese Strategie wurde schon in den achtziger Jahren entwickelt. Bisher hat sie in deutschen Expertenkreisen kaum Widerhall gefunden.

Wasserstoff wird gleichfalls als Energieträger für den Verkehr gehandelt – nach dem Ölzeitalter. Vielleicht wird er die Brennstoffzelle antreiben, zur Ergänzung von Plug-in-Batterien. Da die Brennstoffzelle elektrische Energie erzeugt, würde dies technisch gut passen. Wasserstoff zu verbrennen, nach dem Vorbild eines Benzinmotors, hat – energetisch gesehen – wenig Sinn. Derzeit fließt viel Geld in die Forschung, um die Brennstoffzellen alltagstauglich zu machen. Plug-in-Hybride und Elektroautos können davon profitieren, indem sie eine Reihe von Komponenten übernehmen, die für Autos mit Brennstoffzellen entwickelt werden. Und sollte die Brennstoffzelle eines Tages ausgereift sein, könnte sie im Plug-In-Hybrid den Verbrennungsmotor ersetzen. Dann hätte man ein rein elektrisches System.

Leider werden die Chancen der Elektromobile bislang unterschätzt, sogar vom Umweltbundesamt in Dessau. Die Behörde lehnt seit Jahren alle alternativen Strategien hin zu einer Individualmobilität mit sparsameren Fahrzeugen strikt ab. Jede denkbare Alternative wird ignoriert oder als zu teuer diffamiert. Mehr noch: Die Ökobilanz von Elektroautos wird negativ dargestellt. Dabei verweisen die Umwelthüter auf eine veraltete Studie, die vor Jahren bei einem großen Feldversuch auf Rügen erstellt wurde. Damals wurden Fahrzeuge und Batterien getestet, die überhaupt nicht für die Elektromobilität geeignet waren. Das liegt mehr als ein Jahrzehnt zurück, dient dem Umweltbundesamt aber noch immer als Maßstab.

Das Beispiel der Biokraftstoffe hat gezeigt, dass es möglich ist, sich gegen ablehnende Allianzen vermeintlicher Umweltfreunde und der Mineralölwirtschaft durchzusetzen. In Deutschland gibt es bisher keine Lobby, die Elektromobile neu auf die Tagesordnung setzen könnte. Wie die letzten Jahre zeigten, ist ein einziges Abgeordnetenbüro nur begrenzt im Stande, diese Lücke zu füllen. Vielleicht werden die technischen Entwicklungen ausreichen, um wirtschaftliche Erfolge anzustoßen, die politische Spielräume eröffnen. Das ist derzeit nur eine Hoffnung. Eine andere besteht darin, dass die kreativen und engagierten Menschen ihre Ideen selbst in die Hand nehmen und die ersten Schritte gehen. Unter den Stadtwerken fänden sich vielleicht Verbündete, die in Elektromobilen ein zukunftsfähiges Geschäftsfeld erkennen.

Noch ist der erste Plug-in-Prius oder C1 Elektroscooter auf unseren Straßen nicht in Sicht. Wären das nicht lohnenswerte Aufgaben für unsere Universitäten und Tüftler? Packen wir es an!

Wie Politik gestalten könnte

Wenn die Politiker wollen, können sie einiges bewegen. Um Elektromobile zu fördern, muss man nicht viel Geld in die Hand nehmen. Die Kommunen könnten auf ihren Parkplätzen einige Flächen für Elektrofahrzeuge reservieren, den Haltern von Nullemissionsfahrzeugen anbieten, ihre Fahrzeuge in der Cityzone kostenfrei zu parken. Oder Elektrofahrzeuge könnten die Busspuren mitbenutzen oder auf gesonderten Spuren fahren. Das würde die Attraktivität der Elektromobile schlagartig steigern. Fahrzeuge ohne Emissionen könnte man von der Maut befreien, die über kurz oder lang auch in deutschen Innenstädten Einzug halten wird, nach den Vorbildern von Oslo oder London. Teile der Maut könnten verwendet werden, um Stromtankstellen zu errichten. Zu fördern wären auch die induktiven Ladestationen für Elektrobusse oder Hybridfahrzeuge sowie oberleitungsfreie Straßenbahnen. Kommunen und der Staat könnten den Kauf von Fahrzeugen mit elektrischer Ladevorrichtung bezuschussen, darunter Plug-in-Hybride, Elektroleichtmobile, Elektroleichttaxis, Elektrolastenfahrräder, Elektroroller und neue Oberleitungsbusse.

Noch kaum im Blick sind innovative Bahnsysteme wie die Kabinentaxibahn oder die Rohrgüterbahn. Hier könnten ebenso wie für oberleitungslose und schienenlose Elektrostraßenbahnen die ersten Demonstrationsprojekte finanziert werden. Dort wäre das Geld sinnvoller angelegt als beim Transrapid, der vor allem mit der Eisenbahn konkurriert und die bevorstehende Energiekrise nicht löst. Eine Reihe weiterer Maßnahmen sind denkbar, von der Befreiung von der Kraftfahrzeugsteuer bis zu zinsgünstigen Darlehen der Kreditanstalt für Wiederaufbau.

Noch ist die Elektromobilität ein Geheimtipp. Dies wird sich schnell ändern. Die steigenden Kosten für Erdöl und Erdgas werden auch auf diesem Gebiet ein neue Innovationsdynamik auslösen. Dann werden sich auch die gesellschaftlichen Akteure und Bündnisse finden, die sich für Elektromobilität engagieren. Eine runde Sache wird das Thema aber erst, wenn man es eng mit erneuerbaren Energien verknüpft. Wenn die Plug-in-Hybride der Zukunft ihren Strom aus Solarmodulen und Windrädern beziehen und mit Biokraftstoffen ihre Zusatzenergie erzeugen, dann wandert das Erdöl auch im Straßenverkehr in die Geschichtsbücher.

Aufs Wasser mit Solarbooten

Solarboote sind die Königsklasse unter den Motorbooten. Segelboote erscheinen sicher viel eleganter, haben aber mit den Solarbooten gemeinsam, dass sie eine gute Wasserlinie benötigen, um mit geringem Strömungswiderstand durch das Wasser zu gleiten. Solarboote gibt es schon seit einigen Jahren. Sie werden vor allem dort eingesetzt, wo stinkende und lärmende Verbrennungsmotoren verboten sind – auch weil gelegentlich Diesel über die Reling tropft. Dennoch konnten sich Solarboote nicht durchsetzen. Daran sind nicht nur die noch hohen Preise für Solarmodule schuld, sondern auch eine Reihe von politischen Versäumnissen. So wird Schiffsdiesel nur niedrig besteuert. Es gibt keine Abgasvorschriften, keine ASU und keinen TÜV, was im Straßenverkehr undenkbar wäre. Wie ihre Kollegen auf der Straße haben Bootsführer häufig das Bedürfnis, mit der Stärke ihres Motors zu prahlen: je lauter, desto mehr Kraft unter der Haube. Solarboote hingegen laufen sehr leise. Meist sind sie auch nicht sehr schnell, da sie die Energie sparsam ausnutzen.

Solarboote auf der Alster in Hamburg und im Hafen von Sydney. Fotos: HS

Dennoch eröffnet sich den Solarbooten eine viel versprechende Zukunft: Die Preise für Solarmodule werden fallen, die Dieselpreise hingegen stark steigen. Im Jahr 2005 wurde im Südwesten der Türkei gezeigt, wie schnell die Skepsis gegenüber Solarbooten schwinden kann, wenn die Technik reibungslos funktioniert. Leise und saubere Boote kommen beispielsweise dem Tourismus zugute. Das türkische Projekt hat aber noch mehr gezeigt. Die alten Boote entsprechen häufig nicht mehr dem Stand der Technik. Sie haben schrottreife, vollkommen überdimensionierte Motoren. Das führt dazu, dass die Boote viel mehr Diesel verbrauchen als nötig. Mit der Demonstration der Solarboote wurde bei den Bootseignern das Bewusstsein dafür geschärft, dass sich große Einsparpotenziale eröffnen. Wahrscheinlich werden zunächst viel mehr Boote auf Sparsamkeit getrimmt als auf Solarenergie umgestellt. Die Solarzellen werden aber die nächste Generation prägen, die ähnlich wie Segelboote so gebaut werden, dass sie möglichst leicht durchs Wasser fahren.

Der ökologische Halbbruder des Solarbootes ist das Elektroboot. Bei vielen Anwendungen wird die Sonneneinstrahlung nicht ausreichen, um genügend Antriebsstrom zu erzeugen. Die fehlende Leistung lässt sich aber gleichfalls solar erzeugen. Wie dies beispielhaft geht, zeigt die Solarwaterworld AG. Sie hat auf dem Müggelsee im südöstlichen Berlin eine Bootsanlegestelle errichtet, mit einem Solarpavillon, der über Solarmodule auf dem Dach verfügt. Einen Teil der Energie erzeugen die Boote mit ihren eigenen Solarzellen. Der Rest wird über das Solardach des Pavillons bereitgestellt. Die Boote können den Sonnenstrom über Steckdosen anzapfen, um ihre Batterien aufzuladen. In Booten können die Batterien größer sein als in Autos, weil ihr Gewicht im Wasser eine geringere Rolle spielt. Sogar Blei-Gel-Batterien sind unbedenklich, da sie nicht auslaufen können und selbst beim Kentern keine Gefahr für die Umwelt darstellen. Es liegt vor allem an der Politik, bessere Rahmenbedingungen für Elektromobilität auf den Gewässern zu schaffen. Es bleibt viel zu tun – auch für die Bootsbesitzer, die niemand zwingt, einen stinkenden und lärmenden Verbrennungsmotor zu nutzen.

Ein starker internationaler Akteur

Die erneuerbaren Energien brauchen eine wirkungsvolle Institution, die ihre Verbreitung weltweit vorantreibt

Von David Wortmann

Auf dem Gipfeltreffen in Rio de Janeiro 1992 haben sich die Nationen das „Leitbild der Nachhaltigen Entwicklung" gegeben. Die Menschheit steht vor großen Herausforderungen. Ressourcen wie Erdöl, Erdgas, Kohle und Wasser gehen zur Neige. Ein primär auf fossile und nukleare Brennstoffe orientiertes System der Energieversorgung zerstört unsere natürliche Lebensgrundlage. Das Klima erwärmt sich, die Verteilungskämpfe um die knapper werdenden Ressourcen nehmen zu. Die weltweite Schere zwischen Arm und Reich klafft immer weiter auseinander.

Dass die Weltgemeinschaft mittelfristig ihre Energieversorgung auf eine andere Basis stellen muss, ist offensichtlich. Andernfalls läuft ihre Entwicklung in eine zivilisatorische Sackgasse. Trotz dieser Gefahr hat die Staatengemeinschaft den Weg von einer fossilen und nuklearen Energiewirtschaft hin zu den erneuerbaren Energiequellen bislang nicht konsequent beschritten. Schon 1973 brachte die Unesco in Paris dieses Thema erstmals auf die internationale Bühne, indem sie die erneuerbaren Energien als Lösung der drängenden Umwelt- und Entwicklungsprobleme bezeichnete. Diese Ideen schlugen sich 1978 in einer Resolution der Vereinten Nationen nieder, die Maßnahmen zur Förderung erneuerbarer Energien ausarbeitete. 1981 folgte eine Konferenz der UNO in Nairobi, die sich ausschließlich mit erneuerbaren Energiequellen befasste. Doch kurz darauf entspannte sich die weltweite Ölkrise, die Energiemärkte konzentrierten sich wieder völlig auf fossile und nukleare Ressourcen. Das Interesse an den erneuerbaren Energien erlahmte wieder schnell. Die vom US-amerikanischen Präsident James Carter eingeleiteten umfangreichen Forschungen auf diesem Sektor stellte sein Nachfolger Ronald Reagan wieder ein.

Die Konferenz in der kenianischen Hauptstadt wurde unter anderem von der Nord-Süd-Kommission der Vereinten Nationen vorbereitet. Unter der Leitung von Willy Brandt veröffentlichte sie 1980 ein „Überlebensprogramm", in dem die Kommission unter anderem eine internationale Agentur zur Verbreitung der erneuerbaren Energien forderte. Diese Forderung liegt bis heute auf Eis. 1983 rief die UN-Generalversammlung eine Weltkommission für Umwelt und Entwicklung ins Leben, die später als Brundtland-Kommission bekannt wurde, nach ihrer Leiterin, der norwegischen Politikerin Gro Harlem Brundtland. Sie markierte den Beginn der modernen Nachhaltigkeitskonferenzen, die bis heute versucht haben, den wirtschaftlichen und technischen Fortschritt mit sozialer Ausgewogenheit und der Sicherung der natürlichen Lebensgrundlage in Einklang zu bringen. 1987 legte die Brundtland-Kommission ihren Abschlussbericht „Unsere gemeinsame Zukunft" vor, der zwar auf die Zerstörung der Umwelt und die Armut in der Welt abzielte. Doch bis auf den Hinweis, dass Energieeinsparungen und erneuerbare Energien notwendig seien, rückte er die Energiefrage nicht in den Mittelpunkt. So spielten erneuerbare Energien auf der UN-Konferenz in Bergen im Jahr 1990 eine eher untergeordnete Rolle.

Allerdings wurde 1991 eine spezielle UN-Arbeitsgruppe „Sonnenenergie für Umwelt und Entwicklung" (Unseged) eingerichtet, die sich unter anderem mit erneuerbaren Energien beschäftigt. Sie leistete wichtige Vorarbeiten zum UN-Erdgipfel 1992 in Rio de Janeiro. Es gelang ihr jedoch nicht, in den abschließenden Dokumenten der Konferenz endlich konkrete Instrumente und Aktivitäten der Staatengemeinschaft festzuschreiben, um die fossilen und nuklearen Kraftwerke durch erneuerbare Energieträger zu ersetzen. Um den erneuerbaren Energien dennoch mehr Gewicht zu verleihen, entstand 1992 das Internationale Netzwerk für nachhaltige Energien (Inforse). Im gleichen Jahr wurde auch das Weltnetzwerk der erneuerbaren Energien (Wren) gegründet – beides zivilgesellschaftliche Netzwerke ohne ausreichende Wirkungskraft.

1994 wurde innerhalb der Vereinten Nationen ein weiterer Anlauf unternommen, um die Fragen einer erneuerbaren Energiewirtschaft in die Weltpolitik zu heben. Eine vom Wirtschafts- und Sozialausschuss der UNO neu eingerichtete Expertenkommission erhielt die Aufgabe, die verstärkte Nutzung erneuerbarer Energien auf UN-Ebene zu bewerten. 1999 fusionierte die Kommission allerdings mit einer anderen Gruppe, damit verschwand der klare Schwerpunkt auf erneuerbare Energien und schwächte die Position der Kommission. Im Frühjahr 2001 traf sich die UN-Kommission für nachhaltige Entwicklung (CSD), um ein neues Gipfeltreffen in Johannesburg vorzubereiten. Auf der CSD-Session wurden erstmals die erneuerbaren Energien in den Mittelpunkt der Debatte um Nachhaltigkeit gestellt.

Die Unterstützer weit reichender Maßnahmen und Ausbauziele wurden dennoch enttäuscht, denn auch 2002 in Johannesburg blieben die Ergebnisse unverbindlich. Stattdessen wurden von den Regierungen und Organisationen weitere Netzwerke zur Förderung der erneuerbaren Energien ins Leben gerufen. Dazu gehörte das weltweite Netzwerk zur Energie für eine nachhaltige Entwicklung (Gnesd), das vom Umweltprogramm der Vereinten Nationen (Unep) initiiert wurde. Die Briten starteten ein Netzwerk für erneuerbare Energien und Effizienzpartnerschaft (Reeep). Achtzig Staaten gründeten die so genannte Johannesburger Koalition für erneuerbare Energien, die vor allem von der EU-Kommission mit einem kleinen Sekretariat in Brüssel gestützt wird. Schon 1999 war in Wien auf Initiative der österreichischen Bundesregierung das Globale Forum für nachhaltige Energie entstanden.

Auf dem Nachhaltigkeitsgipfel in Johannesburg lud der damalige deutsche Bundeskanzler Gerhard Schröder die Welt zu einer großen Umweltkonferenz nach Bonn ein, die 2004 stattfand. Eines ihrer Ergebnisse war ein weiteres neues Netzwerk, das Internationale Politiknetzwerk für erneuerbare Energien (Ren21), das sich gleichfalls zum Ziel setzte, die erneuerbaren Energien voranzubringen.

Die Idee, das Wissen um eneuerbare Energien durch Bildungsprogramme weltweit zu verbreiten, wurde mittlerweile in einer Initiative zur Gründung einer internationalen offenen Universität für erneuerbare Energien (Opure) aufgegriffen. Das ursprünglich von Eurosolar und dem Weltrat für Erneuerbare Energien formulierte Konzept zur Einrichtung einer internationalen Solaruniversität wurde später durch einen Vorschlag des Iset weiter entwickelt, von der vom Bundestagsabgeordneten Hans-Josef Fell initiierten internationalen Wissenschaftskonferenz für erneuerbare Energien aufgegriffen und von den Bundestagsabgeordneten Fell und Scheer vorangetrieben.

Der Druck zur Energiewende steigt

Der Druck, die Energieversorgung vollständig auf erneuerbare Ressourcen umzustellen, steigt weiter. Die vielen Netzwerke und Foren haben bislang das Thema nicht signifikant weiter gebracht. Zwar haben eine Reihe von UN-Organisationen und die Weltbank erkannt, dass sie die erneuerbaren Energien insbesondere in den Entwicklungsländern unterstützen müssen. Aber die Förderprogramme sind personell und finanziell völlig unzureichend ausgestattet. Ihre Wirkung ist de facto bedeutungslos. Die Weltbank vergibt beispielsweise gerade drei Prozent ihrer Mittel im Energiesektor für erneuerbare Energien. Spätestens seit dem Salim-Bericht von 2004 sollte auch der Weltbank bewusst geworden sein, dass fossile und nukleare Kraftwerke die Armut auf der Welt nicht lindern. Erneuerbare Energien, die sich dezentral nutzen lassen und keine Umweltschäden verursachen, können die Energiebedürfnisse vor allem der Menschen in ländlichen Regionen weit besser befriedigen.

Betrachtet man das wirtschaftspolitische Umfeld der weltweiten Energieversorgung etwas genauer, wird deutlich, wie immens die Aufgaben sind, um die Dominanz des fossilen und nuklearen Energiesektors zu durchbrechen.

Für Staaten, die Erdöl, Erdgas oder Kohle auf dem Weltmarkt verkaufen, gibt es aufgrund der hohen Nachfrage keinen Anreiz, ihre Produktionsmengen zu drosseln. Auch die Selbstverpflichtung aus dem Kyoto-Protokoll Treibhausgase zu reduzieren, führt nicht zu vermindertem Konsum von fossil erzeugter Energie. Das Ziel, die Treibhausgase zwischen 2008 und 2012 um fünf Prozent gegenüber 1990 abzusenken, erweist sich bei gleichzeitig steigender Energienachfrage als bedeutungslos, um den Klimawandel wirksam aufzuhalten. Der ökonomische Anreiz bleibt unverändert hoch, die Volkswirtschaften weiterhin mit Diesel, Benzin, Heizöl und fossilem Strom zu versorgen. Doch die Vorräte von Erdöl, Erdgas und Kohle schwinden rasant. Die steigende Nachfrage führt also zwangsläufig zu steigenden Preisen für die fossilen Energien. Dadurch streichen vor allem die Förderstaaten von Erdöl und Erdgas enorme Gewinne ein.

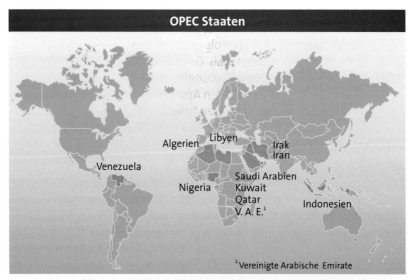

Das Kartell der Ölförderer: die Opec-Staaten. Wichtige Förderländer wie die USA, Russland, Brasilien und die GUS-Staaten gehören offiziell nicht dazu. Grafik: Solarpraxis AG

Zurzeit kostet ein Barrel Rohöl schon mehr als sechzig US-Dollar. Die Investmentbanker von Goldman-Sachs gehen mittelfristig von 100 US-Dollar je Barrel aus. Seit Jahren beteuert die Internationale Energieagentur – als Verbraucherkartell der Industrienationen – dass es noch genügend neue Lagerstätten von Öl oder Ölschiefer gibt. Sie könnten sofort erschlossen werden, wenn die Gemeinschaft der Erdöl exportierenden Länder (OPEC) ihre Monopolstellung auszunutzen versucht. Im Gegenzug behaupten die OPEC-Staaten, dass sie die globale Energienachfrage auch langfristig mit billigem Öl befriedigen können. Damit wollen sie Investitionen in Lagerstätten außerhalb der OPEC verhindern, die ihre Marktmacht untergraben könnten.

Die derzeitigen Energiepreise sprechen ebenso wenig die ökologische Wahrheit. Würden alle Kosten der Umweltschäden aus dem Bergbau, Ölpest, Leckagen in den Pipelines, Entsorgung des Atommülls oder der Ausstoß von Treibhausgasen in die Energiepreise eingerechnet, könnte sich kein Mensch mehr Strom aus Erdgas oder Kohle leisten, auch Heizöl oder Benzin wären unerschwinglich. Die erneuerbaren Energien wären sofort wettbewerbsfähig. Dürren, Überflutungen und Hurrikane errei-chen neuerdings eine zerstörerische Wucht, dass sich die Schäden in jedem Jahr auf einen dreistelligen Milliardenbetrag summieren.

Dennoch tut sich beinahe nichts. Die Staaten stecken nach wie vor Mil-liarden Euro in die Erforschung der Nuklearenergie und verzerren auf diese Weise mit öffentlichen Geldern den echten Wettbewerb zwischen den verschiedenen Energieträgern. Subventionen in dieser Höhe hätten erneuerbare Energien schon längst wettbewerbsfähig gemacht.

Trotz steigender Energiekosten und schwindender fossiler und nuklea-rer Energieressourcen werden die erneuerbaren Energien nur auf sehr niedrigem Niveau eingeführt. Dies hat zunehmende Konflikte in der globalen Energiezuteilung zur Folge, aus denen der ökonomisch, poli-tisch und militärisch Stärkste als Gewinner hervorgeht. Schwächere Länder haben das Nachsehen. Der ungleiche Zugang zu Energieressour-cen führt weltweit zu einer sozialen Apartheid, wenn nicht Alternativen zur Verfügung gestellt werden. Der Anteil erneuerbarer Energien – be-sonders der durch moderne Technologien wie Windkraft oder Photovol-taik generierte – sinkt relativ zum steigenden Energieverbrauch.

Die Energiewirtschaft folgt in den Industrienationen noch immer der Logik konventioneller Denkstrukturen. Neue Investitionen in überalter-te Kraftwerkparks bedeuten häufig, dass auch die alternden Versor-gungsnetze instand gehalten werden müssen. Es wäre wirtschaftlich sinnvoller, diese Mittel in Technologien zu stecken, die weitgehend kos-tenlose Energie aus der Umwelt beziehen: Erdwärme, Sonnenenergie, Wasserkraft, Biomasse oder Windkraft. Die alte, fossil-nukleare Energie-versorgung ist zentralistisch aufgebaut, alle Stränge führen zu großen Kraftwerken. Solche Strukturen binden große Mengen an Kapital, das sich erst in Jahrzehnten amortisiert – wenn überhaupt. Das Geld steht dem Aufbau einer dezentralen und erneuerbaren Energiewirtschaft nicht zur Verfügung, es ist für die dringend notwendige Energiewende verloren.

Investitionen in erneuerbare Energien werden verhindert, indem ihnen der Zugang zum netzgebundenen Energiemarkt und eine Kosten de-ckende Vergütung verwehrt wird, trotz der Einspeisegesetze in vielen Ländern. Da ein Großteil der Energieversorgung über Netze läuft, die von den Anbietern konventioneller Energien kontrolliert werden, bestimmen sie den Zugang und die Konditionen dieser Märkte weitgehend selber.

Auch das rechtlich-institutionelle Umfeld hat auf der internationalen Ebene zu einer asymmetrischen Verbreitung fossiler und nuklearer Energie zu Ungunsten der erneuerbaren Energien geführt. Als Antwort auf die Gründung der OPEC schufen die in der OECD versammelten Industrienationen die Internationale Energieagentur. Sie hat vor allem die Aufgabe, die Energieversorgung ihrer Mitgliedsländer zu sichern. Mit der Schaffung von strategischen Erdölreserven und Verteilungsmechanismen zwischen den Mitgliedsländern in Zeiten knapper Erdölangebote versucht die OECD, die Verletzlichkeit ihrer Volkswirtschaften zu begrenzen. Während der Ölkrise in den 1970er-Jahren hat sie diesen wunden Punkt bereits schmerzlich erfahren. Mit ihren jährlichen Statistiken über die konventionellen Energieressourcen, die der fossilen Energiewirtschaft eine rosige Zukunft in Aussicht stellen, versucht die Internationale Energieagentur, die rasant steigende Abhängigkeit von Ölimporten und damit auch die Verwundbarkeit der OECD-Staaten zumindest kommunikativ aus dem Weg zu räumen.

Lobby der Atomwirtschaft: Pressekonferenz der Internationalen Atomenergiebehörde Wien anlässlich der Nordkorea-Krise im Februar 2003. Foto: Dean Calma/IAEA

Auch die Nuklearwirtschaft hat ein internationales Sprachrohr bekommen: die Internationale Atomenergiebehörde. Zunächst fanden sich nur wenige Staaten bereit, die Aktivitäten der Behörde zu unterstützen. Mittlerweile ist die Zahl der Mitgliedsländer auf über die Hälfte aller

Staaten der Welt gestiegen, obwohl nur vergleichsweise wenige Atomenergie aktiv nutzen. Die Atomenergiebehörde kümmert sich um die zivile Nutzung der Atomenergie. Zugleich wacht sie über die Einhaltung internationaler Verträge, die eine Weiterverbreitung von Kernwaffen verhindern sollen. Wer diese Verträge unterzeichnet, darf auf tatkräftige Unterstützung der Atomenergiebehörde bei Kernreaktoren zur Stromerzeugung hoffen. Der Sprung von der zivilen Nutzung bis zur atomaren Bombe ist allerdings nicht weit, deshalb ist diese Unterstützung auch immer ein Beitrag, die militärische Nutzung der Atomenergie zu verbreiten, z.B. im Iran. Dass ausgerechnet der weltgrößten Atomlobby im Jahr 2005 der Friedensnobelpreis verliehen wurde, führte zu erheblichen Irritationen.

Aber nicht nur Organisationen auf höchster Ebene verschaffen den nuklearen und fossilen Energien wettbewerbliche Vorteile, sondern auch internationale Verträge. Die Welthandelsorganisation WTO beispielsweise hält es für völlig legitim, Bioethanolimporte ebenso hoch wie Alkohol zu versteuern. Benzin und Diesel hingegen werden im internationalen Warenverkehr so gut wie gar nicht verzollt. Ähnliches gilt für Windkraftanlagen: Statt diese als Technologie zu fördern und von Steuern auszunehmen, werden die Anlagen als Stahl deklariert und hoch verzollt. Die europäische Nuklearwirtschaft ist durch den Euratom-Vertrag bevorzugt, der ihr faktisch Verfassungsrang zugesteht und ihr einen hohen Anteil des EU-Haushalts als Förderung sichert.

Im Netz verstrickt

Auf Basis fossiler und nuklearer Energieträger haben sich die modernen Industrienationen und ihr Lebensstandard entwickelt. Nun droht jedoch die Sackgasse, denn die Verschmutzung der Erde und die Erwärmung des Klimas bringen die Menschheit an die Grenzen ihrer weiteren Entwicklungsmöglichkeiten. Die Abhängigkeit vom Öl und Uran macht die Menschheit äußerst verletzlich.

Keines der zahlreich gegründeten Netzwerke hat die weltweite Energiewende einleiten oder wesentlich vorantreiben können. Das jährliche Wachstum der erneuerbarer Energien bleibt weiter hinter der steigenden Energienachfrage zurück. Die Netzwerke und Konferenzen gleichen einer Karawane von Experten, die auf wechselnden Podien immer gleiche Argumente und längst bekannte Positionen austauschen. Die unzähligen Positionspapiere bereichern zwar die Diskussion, haben aber wenig Einfluss auf die Gesellschaft.

Die internationale Konferenz für erneuerbare Energien in Bonn 2004 hat einen Aufbruch bei den erneuerbaren Energien erzeugen wollen, der leider nur noch kaum spürbar ist. Die Folgekonferenz in China im

November 2005 führte auch kaum zu konkreten Schritten, obwohl das Reich der Mitte mit mehr als 1,3 Milliarden Menschen den größten Energiehunger weltweit hat.

Von einer echten, internationalen Aufbruchstimmung sind wir noch weit entfernt. Die Konferenzen, Förderprogramme und Netzwerke sind zu schwach in ihrer Wirkung, um die Herausforderungen für eine nachhaltige Energieversorgung ausreichend früh zu meistern. Mehr denn je ist es notwendig, die Diskussionen anzutreiben und die geeigneten Instrumente zu finden, um die erneuerbaren Energien zu verbreiten. Der Klimawandel schreitet voran, immer mehr Menschen benötigen Energie zur Entwicklung – es ist ein Wettlauf mit der Zeit.

Symbol des zu Ende gehenden Atomzeitalters: Das Atomium in Brüssel.
Foto: Rodolfo Quevenco/IAEA

Die Forderung nach einer internationalen Organisation für erneuerbare Energien ist nicht neu. Schon Willy Brandt hatte sie 1980 gefordert. Seit Gründung der europäischen Vereinigung für erneuerbare Energien (Eurosolar) im Jahr 1988 wurde der Vorschlag präzisiert und vor allem von Eurosolar-Präsident Hermann Scheer vorangetrieben. Neben Willy Brandt hatte sich dafür der österreichische Bundeskanzler Franz Vranitzky eingesetzt und die Vorschläge von Eurosolar in der Generalversammlung der UN Anfang der 1990er diskutiert. Diese wurden 1991 von der Interparlamentarischen Konferenz zur globalen Umwelt unter US-Vizepräsident Al Gore aufgegriffen. Seine Initiative scheiterte jedoch, mit dem Hinweis, dass bestehende Organisationen diese Aufgaben übernehmen könnten. 2001 unternahm Eurosolar einen erneuten Vorstoß und organisierte eine Konferenz in Berlin. Dort wurde von rund 500 Teilnehmern aus aller Welt der Weltrat für erneuerbare Energien (WCRE) gegründet, der sich gemeinsam mit Eurosolar für eine internationale Regierungsorganisation zur Förderung der erneuerbaren Energien (Irena) einsetzt.

Kurz danach ist die Idee im Programm der 2002 wieder gewählten rot-grünen Bundesregierung aufgenommen worden. Sie wollte die Irena nach dem Vorbild der Internationalen Atomenergiebehörde errichten. Zwar hat der Deutsche Bundestag unter Federführung der beiden Abgeordneten Fell (Grüne) und Scheer (SPD) die Bundesregierung zweimal aufgefordert, den Vorschlag umzusetzen. Auf der Bonner Konferenz 2004 initiierte sie aber nur das Netzwerk Ren21. Im Juni des gleichen Jahres forderte der Weltrat für erneuerbare Energien erneut, endlich die Irena zu gründen. Dieser Forderung schlossen sich 2005 über einhundert Abgeordnete aus Europa an, in der so genannten Deklaration von Edinburgh. Damit bestärkten sie die Aufforderung des internationalen Parlamentarierforums für erneuerbare Energien, das nach 2004 ebenfalls in Bonn 2005 tagte. Nach Abwahl von Rot-Grün im Herbst 2005 bleibt zu hoffen, dass die neue Bundesregierung unter dem sozialdemokratischen Umweltminister Sigmar Gabriel diesen Vorschlag aufgreifen und umsetzen wird. Immerhin ist auch im Vertrag der Großen Koalition die Einrichtung der Irena vereinbart.

Eine Irena darf sich nicht nur dem Klimaschutz verschreiben, sondern muss sich auch als Instrument zur Entwicklungshilfe verstehen. Eine nachhaltige Wirkung wird sie also nicht nur bei der Stabilisierung des Weltklimas entfalten, sondern auch beim Schutz endlicher Ressourcen, beim Erhalt der natürlichen Umwelt und der menschlichen Gesundheit, bei der Sicherung von Frieden und beim wirtschaftlichen Aufschwung besonders in unterentwickelten Ländern. Die Irena sollte letztendlich eine universale Mitgliedschaft aller UN-Mitgliedsländer anstreben. Dadurch unterscheidet sie sich auch von anderen internationalen Energieorganisationen wie der OPEC oder der Internationalen Energieagentur, die eine exklusive Mitgliederstruktur aufweisen. Daher sollte die Irena anderen UN-Sonderorganisationen rechtlich gleichgestellt und langfristig in das institutionelle Gefüge der Vereinten Nationen eingegliedert werden.

Neben Staaten sollten ebenso internationale Organisationen assoziierte Mitglieder werden können, zu deren Aufgabe die Förderung erneuerbarer Energien in der Forschung, Finanzierung und Implementierung gehört. Mit diesen Organisationen sollte eng zusammengearbeitet werden, um zu gewährleisten, dass Programme dort entwickelt und durchgeführt werden, wo bislang keine Aktivitäten stattfanden. Dabei können Synergieeffekte genutzt und Instrumente zur Verbreitung erneuerbarer Energien von der Irena koordiniert werden. Mögliche Kooperationspartner, deren Kompetenzen die Irena im Bereich erneuerbarer Energien deutlich vergrößern kann, sind unter anderem die Unesco, die Weltgesundheitsorganisation, das Welternährungsprogramm, das Umweltprogramm der Vereinten Nationen und die Weltbank.

Vordenker einer neuen Ära: Eurosolar vergibt in jedem Jahr die Europäischen Solarpreise für herausragendes Engagement für die Energiewende. Foto: Eurosolar

Eine starke Institution wie die Irena wäre in der Lage, die verschiedenen Interessengruppen zusammenzuführen. Staaten, die ihre Solarindustrie oder Windkraft schon weit entwickelt haben, könnten ihrem Export neue Impulse geben. Andere Staaten könnten mit Hilfe der Irena vom Forschungsvorlauf andernorts profitieren, durch Transfer von Wissen und Technologie. Die Agentur böte den erneuerbaren Energien ein weltweit beachtetes Forum und eine multilaterale Arena. Sie könnte sich zum Kompetenzzentrum entwickeln und helfen, die unterschiedlichen nationalen oder regionalen Strategien zur Verbreitung der erneuerbaren Energien zu harmonisieren. Ihren Mitgliedern könnte sie Materialien, Statistiken, Ausrüstungen und finanzielle Mittel zur Verfügung stellen. Über ein reichhaltiges Informationsangebot kann sie Wissensdefizite abbauen. Auf dem diplomatischen Parkett könnte die Irena als Akteur und eigenständiges Subjekt des Völkerrechts auftreten, das mit Staaten, Staatengruppen oder anderen Organisationen Verträge abschließt. Dadurch kann sie die Art und den Umfang von Lieferungen und Leistungen an Empfängerländer selbst bestimmen. Als Akteur kann sie bei der Weiterentwicklung bestehender und in der Entstehung begriffener internationaler Regime konstruktiv mitwirken, wie zum Beispiel bei einem internationalen Vertragswerk zur Verbreitung der erneuerbaren Energien.

Die Irena könnte Programme auflegen und Forschungen anregen. Sie berät Regierungen, Organisationen oder Unternehmen. Im Mittelpunkt steht das Ziel, die technologische Kompetenz der Mitgliedsländer und der Zielregionen zu stärken, durch Ausbildung, Training und Beratung rund um die erneuerbaren Energien. Auf Regierungsebene kann es vor allem darum gehen, Anreize für erneuerbare Energien zu setzen, durch Steuervorteile, Kreditprogramme oder Subventionen. Zusammen mit Nichtregierungsorganisationen könnte die Irena besonders Bildungsträger und Forschungsinstitute unterstützen. Sie könnte in den Zielländern dabei helfen, dass die Menschen den Umgang mit erneuerbaren Energien lernen, dass sie die Energieanlagen richtig installieren und warten. Letztendlich müssen auch Hilfestellungen zur Produktion und Vermarktung von Technologien zur Nutzung erneuerbarer Energien gegeben werden. Die Irena könnte den Patentschutz und die Qualitätssicherung, Standardisierung und Normierung erneuerbarer Energietechnologien verbessern. Dabei sollte sie sich auf kleine und mittelständische Unternehmen konzentrieren, da sie die eigentlichen Träger der dezentralen Energieerzeugung sind.

Im Mittelpunkt ihrer Kommunikationsaufgaben sollte die öffentliche Propagierung der Strategie stehen „Hin zu erneuerbaren Energien zur Lösung von Klima-, Ressourcen-, Friedens- und Entwicklungsproblemen". Die Irena könnte als Sammelstelle dienen, um Informationen aus den Mitgliedsländern aufzunehmen und zu verteilen. Sie könnte Ergebnisse und Erfahrungen zu den erneuerbaren Energien in großem Stil publizieren und der Öffentlichkeit zugänglich machen. Sie analysiert den Stand der Technik, die Wirtschaftlichkeit von erneuerbaren Energien, politische Förderprogramme und erstellt Statistiken. Ihren Mitgliedern bietet sie eine Plattform für einen regen Informationsaustausch.

Um neue Institutionen von internationalem Rang zu schaffen, müssen die Gründungsmitglieder ihre Ziele in ein Statut gießen. Je mehr Gründungsmitglieder beteiligt sind, desto vielfältiger sind die Interessen und Erwartungen. Ein heterogenes Interessenspektrum birgt das Risiko, die eigentlichen Ziele im Bemühen um Konsens zu verwässern. Wenn die Bundesregierung jetzt die Initiative ergreift, reicht es zunächst, wenige gleich gesinnte Staaten als Gründungsmitglieder für eine Irena zu gewinnen. Dazu müsste sie zunächst die Stelle eines Regierungsbeauftragten schaffen, der die Kontakte und Gespräche koordiniert. Das Thema wie Anfang der 1990er-Jahre erneut mit allen UN-Mitgliedsstaaten zu diskutieren, hat wenig Aussicht auf Erfolg. Besser wäre es, wenn einige Staaten voranschreiten. Sie könnten sich leichter auf klare und eindeutige Ziele einigen, ohne Gefahr der Verwässerung. Zweitens böte sich die Chance, die Irena schnell ins Leben zu rufen. Danach wird der Nutzen einer solchen Organisation schnell weitere Staaten überzeugen, sich als Mitglieder zu engagieren. Als die Internationale Atomenergiebehörde 1957 startete, war der Kreis der Gründungsmitglieder überschaubar. Heute sitzen rund 130 Staaten an ihrem Tisch.

Die Irena kann einen entscheidenden Beitrag leisten, um die erneuerbaren Energien weltweit zu verbreiten. Doch sie wird nicht das einzige Instrument bleiben müssen. Ein globaler Mix verschiedener Institutionen,

Netzwerke und Organisationen, abgestimmt auf nationaler und internationaler Ebene, kann uns dem Ziel einer nachhaltigen Energiewirtschaft näher bringen, wenn sie der realistischen Vision folgen, letztendlich 100 Prozent erneuerbare Energien zu verwirklichen. Nur wenn auf jeder politischen Ebene – lokal, national und international – der politische Wille entfaltet wird, kommen wir diesem Ziel wirklich näher.

Das Ziel lautet: Null Emissionen!

Kosmetische Senkungen um einige Prozent reichen nicht mehr aus

Von Hans-Josef Fell

Um den erneuerbaren Energien zu ihrem Durchbruch zu verhelfen und eine Nullemissionspolitik umzusetzen, sind Investitionen in Forschung und Entwicklung unerlässlich. In dem Moment, in dem ein neuer Markt entsteht, beginnen die Firmen, ihre Produkte und Angebote innovativ zu verbessern. So stellte der Bundeshaushalt im Jahr 2004 rund 25 Millionen Euro bereit, um Solartechnik zur Stromerzeugung (Photovoltaik) zu erforschen. Die Hersteller solcher Anlagen investierten das Doppelte, also fünfzig Millionen Euro. Das war nur möglich, weil ihnen das Erneuerbare-Energien-Gesetz eine sichere Investition ermöglichte. Die staatliche Forschung ist wichtig, um Ideen zu unterstützen, um Hilfestellung zu geben. Sie kann aber nur begleitend wirken, wo marktfähige Produkte entwickelt werden sollen. Das galt für die Entwicklung des Fernsehens ebenso wie für die Heimcomputer oder heute die erneuerbaren Energien.

Ein Beispiel: Vor zehn Jahren galten Windräder mit einer Leistung von 500 Kilowatt als oberste Grenze dieser Technologie. Heute gibt es bereits die ersten Räder, die fünf Megawatt bringen, also die zehnfache Leistung. Nicht die staatlichen Forschungsbudgets haben diese rasante Entwicklung ermöglicht, sondern der wachsende Innovationsdruck eines sich entwickelnden Marktes für Windkraft. Ähnliches gilt für ein künftiges Energiesystem, sei es bei der Wärmegewinnung oder beim Strom. Staatlich unterstützte Forschung und Entwicklung sind wichtig, die Dynamik eines funktionierenden Marktes können sie nicht ersetzen. Der Staat kann nur die Rahmenbedingungen schaffen, damit die Reise in die richtige Richtung geht. Und er müsste es stärker tun als bisher, denn derzeit nimmt die Forschung von erneuerbaren Energien nur einen geringen Stellenwert in der weltweiten Energieforschung ein. Dies belegen die Statistiken der Internationalen Energieagentur, die eine Aufstellung über die gesamte öffentliche Energieforschung innerhalb der OECD veröffentlichte.

Das Ergebnis ist vor allem für die Verfechter der Atomenergie verheerend. Die Atomforschung hat sich als bisher größter Flop in der Geschichte der Forschung erwiesen, denn Aufwand und Nutzen stehen in keinerlei Verhältnis. Über achtzig Prozent aller öffentlichen Energieforschungsmittel der Welt wurden in den vergangenen fünfzig Jahren in die Atomenergie investiert. Das beschämende Resultat: Atomreaktoren steuern nur 2,5 Prozent zur Weltenergieversorgung bei. Ungefähr die Hälfte der Summe davon wurde in die Kernfusion investiert. Zwar sollen bald die Bauarbeiten zum nächsten Fusionsexperiment (Iter) beginnen, doch die Inbetriebnahme eines Fusionsreaktors wird nicht vor 2050 erfolgen, wenn es überhaupt jemals gelingen sollte. Der Forschungsreaktor Iter im südfranzösischen Cadarache ist ja nur Versuchslabor und kein erster Reaktor, wie manche glauben. Die Beschlüsse der Europäischen Union führen in den nächsten vierzig bis fünfzig Jahren dazu, dass weitere fünfzig Milliarden Euro in diese technologische Sackgasse verpulvert werden.

Immerhin, seit 1970 steigen die Forschungsmittel für erneuerbare Energien, wenn auch kaum merklich, an. Trotz der geringen Unterstützung steuern erneuerbare Energien schon ein Fünftel zum weltweiten Energieverbrauch bei. Wenn in diesen Zahlen der Internationalen Energieagentur zwar auch die riesigen Staudämme und die konventionelle Biomasse eingerechnet ist, ist dennoch die Aussagekraft der Zahlen enorm: Würde man ähnliche Summen für erneuerbare Energien wie für die Atomforschung einsetzen, wären die Atommeiler schnell überflüssig. Nicht erst in einem halben Jahrhundert, sondern in wenigen Jahren.

Allerdings will offensichtlich im konservativen und liberalen Lager immer noch niemand aus den Fehlern der Atomforschung lernen. Gemessen an den Erfolgskriterien, die gemeinhin für öffentlich geförderte Forschungsprojekte gelten, müsste man die Nuklearforschung längst einstellen. Das Geld könnte in jene Felder fließen, die mit geringem Aufwand einen sehr großen Nutzen versprechen. Doch nicht einmal die kaum finanzierbare Beseitigung der Altlasten der Atomforschung bringt konservative Forschungspolitiker zum Umdenken. So sind im Haushaltsentwurf des Forschungsministeriums für 2006 sage und schreibe 220 Mio. € vorgesehen, um den Forschungsreaktor in Karlsruhe abzubauen und zu entsorgen. Weit mehr als zur Erforschung der erneuerbaren Energien vorgesehen sind. Aber statt nun die sich immer mehr als unfinanzierbaren Spuk erweisende Atomforschung zu beenden, wird erneut der Erforschung neuer Nuklearreaktoren das Wort geredet. Statt den Abbau der Forschungsreaktoren auch aus den satten Gewinnen der Atomwirtschaft zu bezahlen, lässt man lieber den Steuerzahler für die Sünden der Vergangenheit bluten und schmälert damit die Spielräume wirklich Neues anzustoßen.

In den Forschungslabors steht schon die nächste Generation von Solarzellen in den Startlöchern: extrem dünn und flexibel, auf Titanfolie als Trägerschicht. Foto: HMI

Auch der Entwurf des siebenten Rahmenprogramms zur Forschung in der Europäischen Union schreibt die alten Irrtümer der Energieforschung auch für die kommenden Jahre fest. Die Mittel für Euratom sollen für die nächsten fünf Jahre auf 3,1 Milliarden Euro aufgestockt werden. Die erneuerbaren Energien dagegen erhalten in den kommenden sieben Jahren geschätzte 400 Millionen Euro. Genau kann dies nicht herausgefunden werden, da der Entwurf dieses nicht einmal aufzeigt. Der bürokratische Aufwand, um in den Genuss der europäischen Fördermittel zu gelangen, ist so groß, dass davon fast nur große Institute, Forschungsträger und Unternehmen profitieren können. Die Branche der erneuerbaren Energien wird strukturell von eher kleinen und mittelständischen Unternehmen dominiert, kein Vergleich zu den Giganten und Monopolen der klassischen Energieversorger.

Wie schwer es sogar Wissenschaftlern fällt, sich auf neue Herausforderungen einzustellen, zeigt das Beispiel der Helmholtz-Gemeinschaft. Unter ihrem Dach sind alle deutschen Großforschungszentren vereint. Die Helmholtz-Gemeinschaft erhält rund vierzig Prozent aller Mittel, die der Bund für Energieforschung ausreicht. Doch diese enormen Summen werden Jahr für Jahr für alteingefahrene Projekte zur atomaren Stromerzeugung, vor allem Kernfusion verwendet. Zwar hat es in den letzten Jahren erfolgreiche und umfangreiche Forschung für Photovoltaik und solarthermische Stromerzeugung gegeben, aber für erneuerbare Treibstoffe oder Wärme führen die Großforschungszentren nur vereinzelte Forschungsprojekte durch. Selbst an den zwei großen Meeresforschungszentren findet so gut wie keine Meeresenergieforschung statt. Als ob es keinen Klimawandel gäbe. Als ob Erdöl und Erdgas unendlich vorhanden wären. Leider wird diese Ignoranz vieler Forscher von vielen Politikern unterstützt. Mit dem Argument der Freiheit der Forschung werden alte Strukturen fortgeschrieben, statt Neues aufzubauen. So sind viele Forschungsministerinnen und -minister – selbst unter Rot-Grün – den Vorschlägen zur Energieforschung, wie sie aus der Helmholtz-Gemeinschaft selbst kamen, gefolgt, statt die Forschung neu an den Erfordernissen der Energiefragen auszurichten. Wenn gleichzeitig wirtschaftliche Interessen von Konzernen dazukommen, dann können sich neue Ideen wie die erneuerbaren Energien oder nachwachsende Rohstoffe nur schwer entwickeln. Dabei sind manchmal scheinbar nebensächliche Details wie die Zuordnung bestimmter Forschungsetats zu den verschiedenen Bundesministerien von entscheidender Bedeutung: Unter der rot-grünen Bundesregierung wurden die Forschungsmittel für Fotovoltaik oder Erdwärme (Geothermie) in die Hände des Umweltministeriums gelegt, geführt vom grünen Minister Jürgen Trittin. Zuvor waren sie beim Wirtschaftsministerium angesiedelt, dem ein Sozialdemokrat aus dem Ruhrgebiet vorstand, dem Hauptrevier des deutschen Kohlebergbaus. Mit dem Wechsel der Zuständigkeit entfaltete sich eine rege Forschungstätigkeit, auf die sich technologische Spitzenstellung der deutschen Hersteller von solarthermischen und Geothermiekraftwerken in der Welt bis heute wesentlich stützen kann.

Kleine Schritte und große Visionen: Mischfruchtanbau

Um Visionen zu verwirklichen, bedarf es unzähliger kleiner Schritte. Es ist nicht damit getan, irgendwo einige Windräder aufzustellen oder ein paar Quadratmeter Sonnenkollektoren auf das Dach zu montieren. Dennoch wird der gegenwärtig einsetzende Umschwung an solchen Einzelheiten sichtbar. Immer mehr Landwirte beispielsweise sind nicht länger bereit, teure Pestizide, Düngemittel und Diesel zu kaufen. Sie setzen auf Bioenergieanlagen, in denen sich Abfälle, Gülle und energetisch reiches Pflanzenmaterial zu brennbarem Biogas und Biosprit in Form von Ethanol vergären oder destillieren lassen. Immer mehr Bauern wagen den Schritt zum Energiewirt.

In Pfaffenhofen in Oberbayern testet Bauer Pscheidl auf seinem Kramerhof solche neuen Ideen. Er bringt mehrere Pflanzen gleichzeitig auf dem Acker aus. Diese Mischfrucht hat für seinen Betrieb eine zentrale Bedeutung, denn sie ermöglicht ähnliche Erträge wie auf einem intensiv bewirtschafteten Acker mit Monokultur. Der Mischfruchtanbau ist ökologisch, weil zwei, drei oder mehrere unterschiedliche Pflanzen nicht speziell gedüngt oder mit Insektiziden, Pestiziden oder Fungiziden behandelt werden müssen. Ich habe mir die Mischfruchtfelder mehrfach angeschaut und war verblüfft von den Ergebnissen. Im Sommer 2003, als die extreme Hitze weite Teile Deutschlands regelrecht verdorrte, fiel die Ernte der Gerste nur mager aus. Die in Monokultur angebaute Gerste auf Pscheidls Nachbaracker war so schlecht, dass sie untergepflügt werden musste. Pscheidls Erträge waren deutlich besser, denn er hatte die Gerste mit Leindotter und Erbsen gemischt. Das Blattwerk der Pflanzen beschattete den Ackerboden so gut, dass der Boden ausreichend Feuchtigkeit hielt und die Gerste gedeihen konnte.

Ein Jahr später regnete es mehr. Der Nachbar erntete viel Gerste, Pscheidl etwas weniger. Doch der Nachbar konnte nur Gerste einbringen. Pscheidl holte zudem Leindotter und Erbse vom Feld. Die Ölpflanze Leindotter wird ausgepresst. Das Öl wird als Treibstoff für den Traktor benutzt, der das Feld bewirtschaftet. Sein Nachbar musste von den Einnahmen aus der Gerste teuren Diesel einkaufen, was die wirtschaftliche Bilanz des Betriebes deutlich verschlechterte. Pscheidl verfütterte den Presskuchen des Leindotters an seine Tiere, ebenso die Erbsen, was seine Ausgaben für Futtermittel reduziert. Die Mischfrucht bedeutet also Stärkung der Ertragsicherheit, höhere Vielfalt, ökologischer Anbau und höhere finanzielle Erträge. Bei meinem dritten Besuch erfuhr ich, dass nun auch der konventionelle Bauer auf den ökologischen Mischfruchtanbau umgestellt hat.

Das Argument, dass ökologischer Anbau zwangsläufig zu weniger Ertrag führt, stimmt also nicht. Ohne den Rückgriff auf staatliche Forschung oder auch Unterstützung konnte Pscheidl seinen Ertrag ökologisch und ökonomisch steigern. Zwar dauerte es zehn Jahre, bis er die Fruchtmischung optimiert hatte. Doch im Kern handelte Bauer Pscheidl, wie wir es uns alle wünschen: innovativ, kreativ, mit unternehmerischem Risiko und effizient. Einmal mehr zeigt sich, dass Ökologie und Ökonomie gut harmonieren können. Sein Nachbar muss Geld ausgeben, um Insektizide einzukaufen, denn reine Gerstekulturen sind gegen Schädlinge anfällig. Auf dem Mischfruchtacker ist das nicht nötig. Auch vor Unkraut ist er sicher, weil fremde Keimlinge zwischen den dicht ausgesäten Pflanzen kaum hochkommen. Auf diese Weise entsteht ein geschlossener Stoffkreislauf, der seine Energie aus der Sonne bezieht. Dazu ist keine Giftchemie und keine Gentechnik nötig. Ganz nebenbei treibt Pscheidls Acker viele unterschiedliche Blüten, die Bienen, Schmetterlinge und Hummeln anziehen.

Noch stehen wir am Anfang, denn wir wissen nicht, welche Pflanzen auf welchen Böden unter welchen klimatischen Verhältnissen am besten gedeihen oder am widerstandsfähigsten sind. Bei dem derzeit getesteten Mischfruchtanbau werden nur Pflanzen angebaut, die gleichzeitig geerntet werden können. Wir wissen nicht, ob sich der Acker mit ganzjährigen Mischfruchtfolgen effizienter nutzen lässt. Bauer Pscheidl zeigt, dass Nahrungsmittel und Ölfrüchte gleichzeitig auf einem Acker wachsen können. Es ist nur ein Beispiel, das belegt, wie sich unser Handlungsspielraum durch visionären Mut erweitern lässt.

Biokraftstoffe und Elektromotoren

Auch im Verkehrssektor wäre eine vergleichbare Entschlossenheit nützlich: Bisher plädieren die Umweltverbände und der Verkehrsclub Deutschland (VCD) lediglich dafür, endlich das Drei-Liter-Auto einzuführen oder die Motoren auf Erdgas umzurüsten. Dies ist fahrlässig und stützt die Umweltzerstörung durch konventionelle Energien. Ja es ist geradezu grotesk, wie der VCD permanent die Biokraftstoffe in seiner Verbandszeitschrift und in Pressemitteilungen bekämpft und die mittelständischen Hersteller von Nullemissionsautos in seiner Autoumweltliste seit Jahren ignoriert. Statt dessen werden dort nur Autos der Konzerne und Autos mit fossilen Treibstoffen vorgestellt. Sogar einer Diskussion darüber verweigert sich der VCD, weil er Stellungnahmen und Leserbriefe selbst von Mitgliedern nicht abdruckt. Der VCD ist ein Paradebeispiel dafür, wie selbst ein Umweltverein zur Stütze der zerstörerischen Kräfte des Erdöls wird.

Leichtbauweise und sparsamere Verbrennungsmotoren sind natürlich sehr wichtig, denn sie stoßen deutlich weniger Kohlendioxid aus als ein normales Auto. Aber angesichts der drohenden Klimakatastrophe ist der restliche Ausstoß immer noch viel zu viel. Ein Verbrennungsmotor hat einen Wirkungsgrad von etwa 35 Prozent. Ein Elektromotor kommt dagegen auf 95 Prozent. Wer auf effiziente Energienutzung setzt, kommt um den Elektromotor nicht herum. Allerdings darf der Strom nicht aus Kraftwerken kommen, die Kohle beziehungsweise Erdgas verfeuern, denn diese Verbrennungsprozesse erlauben auch nur eine verhältnismäßig geringe Energieausbeute. Dadurch sinkt der gesamte Wirkungsgrad der Energieumwandlung, bis die Kraft des Stromes an den Rädern des Elektroautos ankommt. Der Strom müsste also beispielsweise von einer Offshore-Windkraftanlage produziert werden. Rechnet man die Verluste aus den Fernleitungen und Umspannwerken hinzu, wird der Strom im Elektroauto noch immer zu über sechzig Prozent ausgenutzt – deutlich mehr, als ein Benzinmotor oder Diesel jemals erreichen kann! Übrigens auch viel mehr, als ein von der Windkraftanlage erzeugter Wasserstoff je als Energie ins Auto bringen kann. Betrachtet man den Energieaufwand, um das Erdöl zu fördern und in den Raffinerien zu Kraftstoffen zu veredeln, steht der Verbrennungsmotor am Ende einer Kette, die mehr als zwei Drittel der gesamten Energieumwandlung ungenutzt verpulvert. Sein Wirkungsgrad sinkt auf weit unter dreißig Prozent. Sinnvoller wäre es, Autos mit Strom aus Sonnenlicht oder mit Biokraftstoffen direkt anzutreiben. Seit zehn Jahren fahre ich das Solarmobil Twike. Da ich den Antriebsstrom selbst durch eine Solaranlage auf meinem Hausdach erzeuge, fällt kein Kohlendioxid an. Würde ich ihn aus der Steckdose und aus dem öffentlichen Versorgungsnetz speisen, würde der in den Kraftwerken erzeugte Strom für eine Strecke von hundert Kilometern rund 2,3 Kilogramm

Kohlendioxid freisetzen. Ein vergleichbarer Mittelklassewagen emittiert 17,6 Kilogramm Kohlendioxid.

Oft ist davon die Rede, Autos auf Erdgas umzurüsten. Biogas wäre viel besser, übrigens auch für Heizthermen, die bisher Erdgas verbrannten. Dazu muss aber das System der Gasversorgung umgestellt werden. Bislang muss sich ein Biogaserzeuger einen direkten Abnehmer für sein Biogas suchen. Das ist so, als müsste der Betreiber einer Photovoltaikanlage einen direkten Abnehmer für seinen Strom finden. Doch er speist den Ökostrom ins Netz ein. Das muss für Biogas genauso möglich sein. Ein Biogas-Einspeise-Gesetz würde diesen Zugang schaffen. Damit erhalten auch dezentrale Akteure wie kommunale Stadtwerke eine Chance gegen die großen Erdgasversorger. In Schweden wird das bereits praktiziert. Dort fahren bereits ganze Züge und die Busflotten von großen Städten mit Biogas. Auch Bioethanolautos finden dort reißenden Absatz. Ein Erfolg, der übrigens die Schwedische Regierung ermutigte, einen Beschluss zu fassen, bis 2020 vollständig aus der Nutzung von Erdöl und Erdgas auszusteigen.

Biogas ist besser als Erdgas

Am Anfang ist es natürlich teuer, Biogas aufzubereiten. Aber auch hier werden die Preise sehr schnell sinken, wenn die neue Technologie massenhaft in Serie geht. Denn dann kann Biogas auch entlang der großen Erdgaspipelines eingespeist werden: in der Ukraine, in Weißrussland, in Russland selbst, mit neuen Chancen für die dortige Landwirtschaft. Osteuropa, das über riesige Agrarflächen verfügt, könnte einen großen Teil des europäischen Gasbedarfs decken. Der Aufwand für die nötige Infrastruktur ist sicherlich groß. Überall Gasverdichter aufzubauen ist nicht billig. Doch wer den Aufwand für die Erdgasgewinnung einmal durchrechnet, müsste eigentlich erkennen, dass sich der Umstieg auf Biogas auszahlt.

Pflanzenöl statt Diesel im Dieselauto, Biogas statt Erdgas im Erdgasauto und auch für die Benzinautos steht mit dem Bioethanol eine erdölfreie Alternative zur Verfügung. In Brasilien konnten selbst deutsche Autohersteller seit Jahren mit so genannten Flex-Fuel-Autos Verkaufserfolge erzielen. Diese Autos können mit jedem Beimischungsgrad von Bioethanol, also reinem Alkohol, zum Benzin fahren. In Deutschland gibt es trotz vielfacher Anstrengungen der Politik immer noch keinen deutschen Hersteller für Flex-Fuel-Autos. Lediglich Ford, Saab und Volvo erfüllen zzt. die zunehmenden Wünsche der Autokunden. Auch die Mineralölwirtschaft weigert sich Bioethanol am Markt anzubieten oder ihrem Treibstoff beizumischen. Dabei gibt es bereits erste freie Tankstellen, die Bioethanol als E85-Kraftstoff oder auch Pflanzenöle anbieten. Die Weigerung der Konzerne hat System. Sie wollen sich einer wachsenden Konkurrenz von Selbstvermarktern und Produzenten von Biokraftstoffen erwehren. Würde doch der Pflanzenöl- oder Bioethanollandwirt die Kunden direkt beliefern und der Konzern kein Geschäft mehr machen. So wie mein Bauer, der mir in regelmäßigen Abständen Pflanzenöl direkt von seiner Presse in meinen Tank in meiner Garage liefert. Damit diese arbeitsplatzschaffenden Selbstvermarktungssysteme von Pflanzenölen, Biogas und Bioethanol tatsächlich richtig wachsen können, muss aber übergangsweise ein Steuervorteil für die Biokraftstoffe erhalten bleiben. Die vom rot-grünen Parlament durchgesetzte Steuerbefreiung ist äußerst erfolgreich. Aber das Ansinnen der CDU/CSU/SPD -Bundesregierung, die Steuerbefreiung für Biokraftstoffe abzuschaffen, wäre verheerend für den Ausbau der technologischen Entwicklung der reinen Biokraftstoffe, hemmend für die Entwicklung ländlicher Räume, kontraproduktiv zum Klimaschutz und zur Abkehr von der Erdölabhängigkeit.

Das Konzert der erneuerbaren Energien

Kürzlich wurden die ersten Genehmigungen für große Offshore-Windparks erteilt, auch in dieser Technologie stehen wir vor einem Durchbruch. Die neuen Anlagen entstehen nicht in flachen Gewässern, sondern gründen sich in vierzig bis fünfzig Metern Wassertiefe. Selbst große Stromproduzenten wollen investieren. Mit einem solchen Park könnten sie ein fossiles Kraftwerk ersetzen. Als Baustein für den Umbau ist das wichtig. Noch wichtiger aber ist die dezentrale Stromerzeugung an Land. Es wird sehr stark polemisiert, wenn man sagt, dass uns die Windenergie an Land keine Versorgungssicherheit bietet, denn Winde wehen unbeständig. Eine konstante Stromleistung aus Windrädern wird es natürlich nicht geben. Aber eine plötzliche Flaute in ganz Deutschland wird es auch nicht geben. Irgendwo weht immer Wind und drehen sich immer die Windräder, deren Strom über das Verbundnetz überall hin transportiert werden kann. Das gilt auch für Abschaltungen, wenn Stürme drohen. Und im Randbereich eines Orkans wird sogar besonders viel Strom produziert. Auch das führt zu einem Ausgleich.

Die Windkraft kann ihre Stärken vor allem ausspielen, wenn sie im Konzert mit anderen erneuerbaren Energien arbeitet, etwa durch die Kopplung mit Biogasanlagen. Sie werden zugeschaltet, wenn der Wind abflaut und die Stromausbeute der Rotoren sinkt. Das Biogas könnte in den großen Innenräumen der Windräder wie in einem Tank gesammelt werden. In dem Moment, in dem der Wind nachlässt oder zu stark wird, beginnt die Entleerung der Speicher und damit die Stromproduktion durch das Biogas. In dem Augenblick, in dem der Wind wieder richtig bläst, stoppt die Biogasanlage und die Speicher werden von neuem gefüllt. Kombinierte Wind- und Biogasparks könnten auch Grundlaststrom bereitstellen. Das Dorf oder die Stadt in der Nähe können auf diesem Weg sicher und vollständig mit Strom versorgt werden und mit der Windstromproduktion werden sogar landwirtschaftliche Flächen geschont. Es geht also wieder um die intelligente Vernetzung der Möglichkeiten.

Übersehen sollte man dabei nicht, dass sich das Potenzial der bewegten Luftschichten nicht nur mit großen Windkraftanlagen der Megawattklasse erschließt. Auch kleine Windräder mit einigen Kilowatt Leistung werden ihre Einsatzfelder finden. Es ist bezeichnend, dass die meisten kleinen Windanlagen heutzutage in China produziert werden. Sie sind bestens geeignet, zusammen mit Photovoltaik, kleiner Wasserkraft oder Biogasanlagen unterentwickelte ländliche Räume wirtschaftlich und schnell zu elektrifizieren. Auch in Deutschland werden, wenn auch wenige, kleine Windkraftanlagen installiert. Damit lässt sich Warmwasser aufbereiten oder die Heizung unterstützen.

Atomare Struktur des Siliziums für Solarzellen unter dem Mikroskop. Grafik: HMI

Unzählige Kleinstkraftwerke als Blockheizkraftwerke, Windenergie-, Solarstrom oder Erdwärmeanlagen könnten durch das Versorgungsnetz zu einem oder mehreren virtuellen Kraftwerken verbunden werden. Sie sind eine wichtige Basis der Energiewende. Viele kleine Blockheizkraftwerke, die mit Biogas, Holzpellets oder Pflanzenöl laufen, können schon heute je nach Bedarf zugeschaltet werden. Tagelange Stromausfälle durch umgeknickte Hochspannungsmasten, wie bei der Schneekatastrophe im Münsterland im Winter 2005 müsste es dann nicht mehr geben. Die dezentralen Erzeuger können Strom und Wärme vor Ort bereitstellen. Auf die Übertragung der Energie über Hochspannungsleitungen sind sie nicht mehr angewiesen.

Dennoch wäre es auch sinnvoll, große Mengen Strom in anderen Ländern zu erzeugen und mit modernen Übertragungsleitungen verlustarm zu uns zu bringen. Zum Beispiel kann der Passatwind Marokkos gewaltige Mengen an Windstrom erzeugen. Oder in der Sahara entstehen gigantische Solarkraftwerke – Nordafrika könnte enorme Strommengen nach Europa exportieren. Solche Energiepartnerschaften kämen den Bevölkerungen in diesen unterentwickelten Regionen zugute, bestens kombiniert mit Klimaschutz und Versorgungssicherheit. Allerdings: Ein Netzverbund über das Mittelmeer hinweg müsste dafür ausgebaut werden, am besten mit verlustarmen Hochstromgleichstromanlagen oder besser noch mit Supraleitung.

Bald ergeben sich weitere Optionen. Der norwegische Energieversorger Norsk Hydro gab deutschen Forschern den Auftrag, Strom aus Salzkraft, dem osmotischen Druckunterschied zwischen Süß- und Salzwasser, in Flussmündungen zu erzeugen. Hochrechnungen gehen davon aus, dass etwa eine Million Menschen mit einem solchen Kraftwerk an der Rhone-Mündung versorgt werden könnten. Wenn man bedenkt, dass viele Großstädte weltweit an Flussmündungen liegt, lässt sich erahnen, welches Potential in sauberen Energien steckt. Auf den Orkney-Inseln wird mit der Kraft der Wellen experimentiert. Hierbei wird das Auf und Ab des Wassers genutzt, um Turbinen anzutreiben. Diese Versuche sind sehr viel versprechend. Kaum bekannt ist, dass solche Wellenkraftwerke in China bereits genutzt werden. Angesichts der nie endenden Kraft der Ozeane steckt auch in diesen Projekten ein gigantisches Potenzial. Ergänzt um Gezeitenkraftwerke, die das ab- und auffließende Wasser von Ebbe und Flut oder Meeresströmungen nutzen, um Turbinen zur Stromgewinnung anzutreiben, ergeben sich interessante Perspektiven für die Energieversorgung. Vor der Küste Cornwalls, wo der Tidenhub zwölf Meter erreicht, übertrifft ein laufendes Forschungsprojekt alle Erwartungen. Unter der Beteiligung des Forschungsinstituts ISET in Kassel wurde der Prototyp, der einem Windrad unter Wasser gleicht, bereits bis zur Anwendungsreife entwickelt.

Die Erde selbst ist ebenfalls eine herausragende Energiequelle, denn in Tiefen von mehreren tausend Metern wird die Hitze des zähflüssigen Erdgesteins spürbar, auf dem die Kontinente schwimmen. 1998 hatte kaum jemand in Deutschland die Geothermie im Blick, höchstens als exotisches Projekt auf Island, wo heiße Geysire ihre Wärme an Gewächshäuser abgeben. Forschung gab es in Deutschland damals kaum. Doch im Jahr 2000 konnte ich die ersten Forschungsmittel dafür erwirken. Später wurde die Geothermie in das Erneuerbare-Energien-Gesetz aufgenommen. Das war ein enormes Signal: Auch diese Branche wurde von Aufbruchstimmung erfasst. 2003 ging in Neustadt/Glewe in Mecklenburg-Vorpommern das erste deutsche Geothermiekraftwerk ans Netz.

Wie immer musste auch bei der Geothermie erst einmal mit Vorurteilen aufgeräumt werden. Es wurde behauptet, dass Geothermie Erdbeben fördere, weil so tief in die Erde gebohrt wird. Dann hieß es, dass radioaktives Wasser aus der Tiefe an die Oberfläche käme. Dabei ist das Prinzip ganz simpel: Man holt warmes Wasser nach oben, entzieht ihm die Wärme und pumpt es dann wieder hinab. In einem Bericht des Büros für Technikfolgenabschätzung, dem wissenschaftlichen Beratungsbüro des Deutschen Bundestages, wurde mit all diesen falschen Argumenten aufgeräumt. Die Studie belegte, welch enormes Potenzial in dieser Technologie steckt. Die Ergebnisse weckten vielerorts Interesse, unter anderem bei der schwäbischen Firma Herrenknecht, einem Spezialisten für Tunnelbohrungen. In China bohrt Herrenknecht einen Tausende Kilometer langen Tunnel, um Peking mit Trinkwasser zu versorgen. Jetzt entwickelt Herrenknecht ein neues Bohrgestänge, um Geothermie schnell, sicher und leise anzuzapfen.

Solarchemie: Bioraffinerien produzieren Energieträger

Ein anderes Beispiel zuletzt: Bioraffinerien werden in der Lage sein, aus pflanzlichem Material die verschiedensten Kohlenwasserstoffe zu generieren, als Rohstoff für Kunststoffe oder synthetische Biokraftstoffe. Solche Kunststoffe können ohne Probleme wieder in den Naturhaushalt gegeben werden, zum Beispiel als Kompost, als wertvollen Dünger oder als humoses Bodensubstrat. Auch die Verwertung der ausgedienten Stoffe über Biogasanlagen ist möglich. Diese Nutzungskaskade – zuerst stoffliche Nutzung und danach energetische Verwertung – erhöht die Ausbeute und damit die Wirtschaftlichkeit der nachwachsenden Rohstoffe. Es ist schon ein faszinierender Gedanke, dass Plastiktüten, Autokarosserien oder Kunststoffstühle am Ende ihrer Nutzung einfach auf den Kompost geworfen werden und schnell verrotten. Dies wäre ein enormer Beitrag zum Umweltschutz. Die 2005 verabschiedete Novelle der Verpackungsverordnung wird den biologisch abbaubaren Kunststoffen helfen, in den Markt einzudringen und die Verpackungsindustrie unabhängiger vom Erdöl zumachen. Auch Farben, Lacke, Textilien und viele andere Produkte der Petrochemie lassen sich mit Stoffen aus der Natur erzeugen. So wie es die Menschheit schon immer tat oder technologisch so verbessert, dass sie auch höchsten modernen Ansprüchen genügen. Es ist Zeit, dies alles im großen Stil zu tun.

Es ließen sich noch viele aussichtsreiche Technologien aufzählen. Zu erwähnen wäre die Thermoelektrik, die kleine Wasserkraft, neuartige Fließwasserkraftwerke, solarthermische Kraftwerke, Aufwindkraftwerke, verschiedenste Biokraftstoffe, Holzvergaser; Stirlingmotoren und Brennstoffzellen, Mikrogasturbinen, Bioraffinerien, Kunststoffe aus Pflanzenölen oder Maisstärke, Flüssigholz als formbare Materialien oder Rapsasphalt, Druckluftspeicher, neuartige Batterien, Supraleitung, Meerwasserentsalzung mit Wind, Sonne oder Erwärme – der Erfindergeist des Menschen ist groß. In meinem Bundestagsbüro liegen Ordner voll mit Vorschlägen von intelligenten Entwicklungen, von Forschern und Unternehmen, die sich Hilfe suchend an mich wandten, weil sie offensichtlich kaum Unterstützung bekommen. Ich kann leider nicht allen Erfolg versprechenden Entwicklungen zum Durchbruch verhelfen. Doch auch ich kann große Teile der Politik, der Wirtschaft und der Gesellschaft nicht verstehen, wie sie die großartigen Chancen für neue Technologien zum Klimaschutz, für eine giftfreie Chemie und zur solaren Energieversorgung missachten.

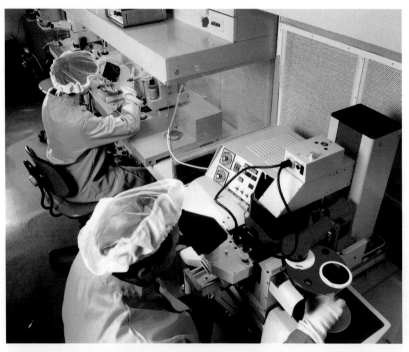

Reinraum für solaraktive Materialien am Berliner Hahn-Meitner-Institut. Foto: HMI

Neben der mangelnden Fantasie vieler Menschen identifiziere ich aber auch knallharte Interessen der konventionellen Erdöl-, Erdgas-, Kohle- und Atomwirtschaft. Die Verkaufsabsichten und die Aussicht auf maximale Gewinne dieser Unternehmen sind das größte Hindernis für eine Weltentwicklung ohne Klimaerwärmung und eine Welt, die uns auch zukünftig Wohlstand mit erneuerbaren Energien und nachwachsenden Rohstoffen sichert.

Die persönliche Verantwortung des Einzelnen besteht darin, sich zu fragen, ob man selbst noch ein herkömmliches Auto fährt, das von Importen aus den undemokratischen Regimes Saudi-Arabiens oder Irans abhängt. Man muss sich fragen, inwieweit die eigene Heizung für die Ölpest im Niger-Delta oder Zerstörung von Naturschutzgebieten in Alaska mitverantwortlich ist. Wir leben nicht in einer Mangelwirtschaft, in der es nur eine Art der Heizung oder eine einzige Antriebsart für Autos gibt. Gerade die Verbraucher können nicht immer nur auf die Politik zeigen und die Verantwortung abwälzen. Ich selbst habe in meinem Haus und Lebensumfeld eine hundertprozentige Vollversorgung mit erneuerbaren Energien für Strom, Wärme und Treibstoffen verwirklicht – seit vielen Jahren und lange, bevor ich im Bundestag saß. Zwei Solaranlagen erzeugen Strom und warmes Wasser. Mein Wintergarten fängt Sonnenstrahlen zur Raumheizung ein. Wenn im Winter die Sonne nicht ausreicht, erzeugt mein Holzofen Wärme. Mein Blockheizkraftwerk nutzt Pflanzenöl, um Strom und Wärme zu liefern. Der von den Solaranlagen und dem Blockheizkraftwerk erzeugte Strom ist mehr, als ich für meine Wohnung und mein Solarmobil Twike benötige. Für größere Strecken benutze ich meinen Diesel-Pkw, der nur vier Liter pro 100 Kilometer verbraucht – Pflanzenöl wohlgemerkt.

Einige haben den Sprung ins Solarzeitalter schon geschafft. Sie gehen mit gutem Beispiel voran. Sie haben eigene Anlagen auf- und in die Häuser gebaut oder die Autos umgerüstet, sie haben Unternehmen gegründet, helfen in Bildung und Ausbildung oder machen Gesetze. Aber zu viele Menschen machen einfach weiter wie bisher. Das persönliche Verhalten ist entscheidend, ob in der Politik oder im privaten Leben. Aber immer mehr Menschen, Kommunen und Unternehmen entscheiden für sich, das fossile Zeitalter zu verlassen. Sie alle setzen auf erneuerbare Energien. Jeder, der im Solarzeitalter ankommt, hilft mit, dass sich die ganze Gesellschaft dorthin bewegt.

Über die Autoren

Hans-Josef Fell,

geboren 1952, ist Gymnasiallehrer für Physik und Sport. Seit 1998 sitzt er für Bündnis 90/Die Grünen im Deutschen Bundestag. Er ist Sprecher der grünen Bundestagsfraktion für Energie und Technologie. Er ist Vizepräsident von Eurosolar und Träger vieler Preise aus dem Umfeld der erneuerbaren Energien, sowie der Antiatombewegung.

Hans-Josef Fell hatte 1999 den ersten Entwurf für das Erneuerbare-Energien-Gesetz (EEG) geschrieben. Das EEG wurde im Jahr 2000 weitgehend nach den Inhalten dieses Entwurfs im Bundestag verabschiedet. Das EEG gilt als Grundlage für das von vielen unerwartete Wachstum der erneuerbaren Energien. Es ist inzwischen zum Vorbild für viele andere Länder der Erde geworden. Auch an anderen Gesetzen, zum Beispiel der Steuerbefreiung für Biokraftstoffe, hat er maßgeblich mitgewirkt. Hans-Josef Fell besitzt ein vielfach ausgezeichnetes Haus, in dem seit vielen Jahren die gesamte Energie für Strom, Wärme und Kraftstoffe vollständig aus erneuerbaren Energien bereitgestellt wird.

Im Internet: www.hans-josef-fell.de

Carsten Pfeiffer,

Politikwissenschaftler MA, war zwischen 1991 und 1994 Vorstandsmitglied der Energiewende Saarland e.V. Von 1993 bis 1999 war er Inhaber eines Unternehmens für Solarkocher und Solarsoftware. Seit 1998 ist er wissenschaftlicher Mitarbeiter bei Hans-Josef Fell. Carsten Pfeiffer war maßgeblich an der Erarbeitung und politischen Umsetzung des Erneuerbaren-Energien-Gesetzes sowie der Steuerbefreiung für Biokraftstoffe beteiligt.

Jörg Schindler,

Kaufmann, geboren 1943 in Augsburg. Er ist seit 1992 Geschäftsführer der Ludwig-Bölkow-Systemtechnik GmbH in Ottobrunn, einem Beratungsunternehmen, das sich seit zwanzig Jahren mit Energie und Verkehr beschäftigt. Er arbeitet auf dem Gebiet der erneuerbaren Energien, der Wasserstoff- und Brennstoffzellen, der alternativen Antriebe und Kraftstoffe sowie der fossilen Energieträger. Jörg Schindler gehört zum Vorstand des Global Challenges Network in München und der Solarinitiative München Land. 2002 veröffentlichte er zusammen mit Campbell, Liesenborghs, Roth und Werner Zittel das Buch „Ölwechsel!".

Dr. Werner Zittel,

Physiker, geboren 1955 in München. Er ist seit 1989 Mitarbeiter der Lud-wig-Bölkow-Systemtechnik GmbH in Ottobrunn, einem Beratungsunternehmen, welches sich seit über zwanzig Jahren mit Energie und Verkehr beschäftigt. Er arbeitet auf dem Gebiet der erneuerbaren Energien, der Verfügbarkeit fossiler Energieträger, der Umweltauswirkungen der Energieversorgung und der Speichertechnologien für Wasserstoff. Er ist Mitglied der Association for the Study of Peak Oil und des Global Challenges Network.

Prof. Dr. Mojib Latif,

geboren 1954, lehrt Meteorologie und Klimatologie am Leibniz-Institut für Meereswissenschaften an der Universität Kiel. Er ist Autor von zwei Büchern zum Klimawandel. Professor Latif erhielt zahlreiche Auszeichnungen für seine Forschungen und seine engagierten Auftritte in den Medien.

Dr. Winfried Hoffmann

ist Generalbevollmächtigter der Schott Solar GmbH und Präsident des Bundesverbands Solarwirtschaft. Er gehört zum Vorstand des Europäischen Solar Industrie Verbands und ist Mitglied im Wissenschaftlichen Beirat des Fraunhofer-Instituts für Solare Energiesysteme. Dr. Gerold Kerkhoff ist Leiter Marketing und Strategie der Schott Solar GmbH. MA Lars Waldmann leitet die Presse- und Öffentlichkeitsarbeit des Unternehmens.

Prof. Dr. Harry Lehmann

leitet den Fachbereich Umweltplanung und Nachhaltigkeitsstrategien am Umweltbundesamt in Dessau. Der Physiker und Systemanalytiker forscht und berät seit Anfang der 80er Jahre zu den Themen Umwelt und Energie. Wichtige Etappen seines Berufslebens waren das Wuppertal Institut für Klima, Umwelt und Energie, das Institute for Sustainable Solutions and Innovations, aber auch Eurosolar und Greenpeace International. Seine Arbeitsschwerpunkte sind Energie und Klimaschutz, Ressourcenproduktivität und politische Instrumente.

Stefan Peter

studierte Energie- und Umweltschutztechnik, mit Schwerpunkt auf erneuerbaren Energien, an der Fachhochschule Aachen. In seiner späteren Arbeit, zunächst für Greenpeace International Solutions Unit und anschließend für das Institute for Sustainable Solution and Innovations (ISuSI), befasste er sich mit Energieeffizienz, Fördermaßnahmen für erneuerbare Energien, dem Beitrag erneuerbarer Energien zur Energieversorgung, ihrer Integration in bestehende Versorgungsstrukturen, mit der Simulation von Energiesystemen und mit Energieversorgungsszenarien.

Thomas Kaiser

ist Mitgesellschafter der Vereinigten Werkstätten für Pflanzenöltechnologie (VWP) in Allersberg bei München. Er ist Mitinhaber des Instituts für Energie- und Umwelttechnik München und befasst sich seit über zwanzig Jahren mit dem naturverträglichen Anbau von Ölpflanzen sowie mit ihrer technischen und motorischen Verwertung. Thomas Kaiser hat gemeinsam mit seinen VWP-Mitgesellschaftern Alois Dotzer und Dr. Georg Gruber den Eurosolarpreis für Transport erhalten.

Dr. Dag Schulze

engagiert sich seit über zehn Jahren im Klimaschutz. In dieser Zeit baute der promovierte Experimentalphysiker für die Umweltstiftung WWF Deutschland ein Projektbüro für erneuerbare Energien in Berlin auf und konzipierte bei der Solarmove GmbH ein Vermietsystem für Elektroroller sowie ein Stromtankstellennetz für die Berliner Innenstadt. Derzeit arbeitet er beim europäischen Städtenetzwerk Klima-Bündnis im Energiebereich.

David Wortmann

Diplom Kulturwirt/International Business and Culture Studies (Univ.), geb. 1976, ist Director Strategic Planning (Europe) von First Solar und Advisor International Policy and Industrial Affairs des Weltrates für Erneuerbare Energien (World Council for Renewable Energy). Er ist Vorstandsmitglied des SD-Forums e.V. (Forum für Nachhaltige Entwicklung) und ist Mitglied im Advisory Board of the Renewable Energy & International Law Project. Seit 2006 ist er Dozent im MBA-Studiengang Sustainable Management der Universität Lüneburg. Zwischen 2000 und 2005 war er Mitarbeiter im Bundestag bei Hans-Josef Fell MdB und später bei Hermann Scheer MdB.

Tipps zum Weiterlesen:

Alternative World Energy Outlook, W. Zittel, J. Schindler, erscheint in: „Advances in Solar Energy: An Annual Review of Research and Development", (Bd. 17), Hrsg.: D. Yogi Goswami, American Solar Energy Society, James+James/EarthScan, 2006, ISBN: 1-844073-14-9

Club of Rome Revisited, Dennis Meadows u.a., erschienen in:
Proceedings of the Sixth Annual Theoretical Roman Archaeology Conference, 2004

Das Solarzeitalter, Hermann Scheer, 1989, Müller Verlag, ISBN: 3-788073-74-8

Energieautonomie: Eine Politik für erneuerbare Energien, Hermann Scheer,
4. Auflage 2005, Verlag Kunstmann, ISBN: 3-888973-90-2

Energieversorgung am Wendepunkt, J. Schindler, W. Zittel,
Schriftenreihe des Club Niederösterreich, Wien, Heft 8-9/2004

Global Marshall Plan, Franz-Josef Radermacher, Ökosoziales Forum Europa, Wien, 2004

Oil Depletion, W. Zittel, J. Schindler, erschienen in: „Switching to Renewable Power –
A Framework for the 21st Century", S. 21-61, Hrsg.: V. Lauber, Earthscan, London, 2005,
Earthscan Publications Ltd, ISBN: 1-844072-41-X

Ölwechsel!, Campbell, Liesenborghs, Roth, Schindler, Zittel, dtv-Verlag,
3. Auflage 2006, ISBN: 3-423243-21-X

Photovoltaik: Strom ohne Ende, Thomas Seltmann, 2. Auflage, 2005,
Solarpraxis Verlag Berlin, ISBN: 3-934595-40-5

Sonnenwärme für den Hausgebrauch, Dr. Sonne-Team, 2000,
Solarpraxis Verlag Berlin, ISBN: 3-934595-01-4

The Party's over, Richard Heinberg, Riemann-Verlag 2004, ISBN: 3-570500-59-4

Twilight in the Dessert – The Coming Saudi Oil Shock and the World Economy,
Matthew R. Simmons (2005), John Wiley & Sons, ISBN: 0-471738-76-X

Wir Wettermacher, Tim Flannery, Februar 2006, 2. Auflage,
S. Fischer Verlag, ISBN: 3-100211-09-X